U0154980

未来材料

[意]卢卡·贝韦里纳 著

李梦如 译

中国科学技术出版社

·北 京·

图书在版编目（CIP）数据

未来材料 /（意）卢卡·贝韦里纳著；李梦如译
. -- 北京：中国科学技术出版社，2023.10
书名原文：Futuro materiale
ISBN 978-7-5236-0326-0

Ⅰ.①未… Ⅱ.①卢… ②李… Ⅲ.①材料科学 – 研
究 Ⅳ.① TB3
中国国家版本馆 CIP 数据核字（2023）第 218809 号

著作权合同登记号　01-2023-4392

策划编辑	高立波
责任编辑	赵　佳
封面设计	北京潜龙
正文设计	中文天地
责任校对	焦　宁
责任印制	李晓霖

出　　版	中国科学技术出版社
发　　行	中国科学技术出版社有限公司发行部
地　　址	北京市海淀区中关村南大街 16 号
邮　　编	100081
发行电话	010-62173865
传　　真	010-62173081
网　　址	http://www.cspbooks.com.cn

开　　本	880mm×1230mm　1/32
字　　数	80 千字
印　　张	4
版　　次	2023 年 10 月第 1 版
印　　次	2023 年 10 月第 1 次印刷
印　　刷	北京荣泰印刷有限公司
书　　号	ISBN 978-7-5236-0326-0 / TB · 119
定　　价	68.00 元

前　言

　　在意大利语中，"materiale"这个词有多种含义。作为形容词（物质的，有形的），它可以描述事物客观存在，具有现实特性、可延展性和可感知性；在抽象的意义上，也用于形容人的态度或比赛的特点过于"物化"，过于关注物理特性或贴近原始本能，在这个意义上，其含义与人的"智力"和"精神"形成对比。而作为名词（材料，物质），这个词表示存在可以被物理感知的物体，一个具有一定体积、密度，与周围的光线相互作用，有时还具有一定的气味和味道的物体。然而，我们认识现实世界并不是通过学习定义，而是切实通过我们自身的五感来探索。因此，材料的另一个实践性的定义可以描述为"通过五感可以感知的物体"。

　　此外，关于"物质"和"材料"在定义上的区分，我们在这里的探讨不会超出本书研究的范围。与"材料"相比，我们给"物质"的定义不那么明确。我们常用"原材料"来表示"物质"，在表示某种可以用来制造构件、器件的物质时，则单独使用"材料"一词，是经过转化/提纯的过程产生的物质，因而从语言学角度来说，去掉形容词"原"是恰当的。而无论是自然过程，如钻石经历漫长的地质作用而形成，还是人工加工的过程，如现代钢铁厂生产不锈钢棒，都是将原始的物质转化为可精确测量的材料的创造过程。

本书描述了一些已经广泛使用的重要材料和新兴材料，对这些材料的特征，我们可以用五感感知到，尽管这些特征有时和材料本身的发展并没有直接关系。对于每一种材料，以及其他可能被放弃的特性相似的材料，人们都会关注和研究其生产和物质转化过程。

我们将着重关注转化过程的可逆性和不可逆性，这一特点在现代社会人口快速增长和技术高速发展的当下日益凸显。

举个简单的例子来说明这两种情况：我们可以用陶土和橡皮泥来制作物体模型，橡皮泥可以轻易被塑造成任何形状，一个金字塔、一个杯子、一座塔或一堵墙，从一个形状到另一个形状所需的只是手掌对它施加的热量，热量可以使橡皮泥中的塑形剂变软，因此一块橡皮泥从杯子到塔的转变是一个可逆的过程；相反，当我们把湿陶土塑造成杯子的形状，然后加热使其定形后，杯子变硬变脆，不能再像一团湿陶土一样被轻易塑造成其他形状了，这个过程是一个不可逆的转变。

可逆的转变似乎能提供更多的可能性，而且孩子们钟爱橡皮泥正是因为它可以不断改变形状。但从另一方面来说，橡皮泥塑造的物品不具有陶制品的功能性，橡皮泥只能是孩子的玩具，不能承重，但陶土罐作为容器被人类使用有着悠久的历史，很多还具有文物价值。

正如我们看到的，可逆性意味着材料某些方面性能的不足，因此开发能够通过可逆过程获得的材料需要考虑到性能和可逆性之间的妥协和平衡。举例来说，我们会讨论为什么有些塑料袋会有气味且强度和弹性不足，为什么塑料瓶的瓶盖难以取下，等等。具体来说，"塑料"其实是概括性的名称，指的是一类各有不同特性的材料，其中一些可以通过可逆处理进行回收，而另一些则很难甚至不可回收。此外，我们能够看到，有些塑料具有惊人的特性，可以发光、导电，甚至具有光敏特性。人们以自己的视觉和嗅觉为启发，发现塑料具有"看"和"感知"的机制。

在接下来的篇幅中，我们还将进入厨房，共同发现材料学中的精炼方法，是如何使我们能够"设计"食物成分，从而结构化食品带给人的味觉体验。

我们还将共同探讨，为什么一些鲜为人知的稀有材料，逐渐成为我们日常生活中不可或缺的战略材料。同时，一些高新技术怎样深刻地革新了我们的生活方式，并重新定义了我们对材料特性的期望。一个鲜明的例子是触摸屏，我们将了解触摸屏的发明如何将触摸这个动作从我们感知周围环境的方式发展成生产和交换信息的方式。对于每种材料，我们都将着重于其生产制造过程的特点，尤其是其可逆性或不可逆性。通过对这一过程的认识，我们将理解为什么一个物体的价值不能再仅仅通过其市场流通价格来衡量。

这里我想到了一张意义深刻、振奋人心的照片，这也是本书创作灵感的来源。1968 年 12 月 24 日上午 10 时 30 分（美国得克萨斯州休斯顿时间）后的几分钟，乘坐阿波罗 8 号飞船的 3 名航天员弗兰克·博尔曼、詹姆斯·洛弗尔和威廉·安德斯成为世界上最早驾驶飞行器离开地球轨道的人。在第一次绕月飞行期间，就在飞船飞出月球背面后不久，飞船指令长博尔曼下令调整机舱方向以便按照计划拍摄月球表面的照片时，安德斯目睹了一个壮观的景象——地球从月球上方缓缓升起。

这张照片对人类历史具有不可估量的重要影响力，已经成为世界上最著名的照片之一。画面中，从月球附近看去，地球仿佛一颗精致的宝石。蓝色的球体上漂浮着白色的云、镶嵌着褐色的陆地，美丽而独特，孤立在无垠的黑色空间中，遥远处点缀着星星。

人类所有的一切都存在于这个星球上。每项新技术、每件新产品都是推动人类社会进步的工具，但它们也是对未来的抵押。我们所拥有的所有原材料都存在于一个孤独的星球上，数量是有限的。可循环利用的材料让我们能够在一个较短时期内对原材料加以改造利用，并将其留给后代。而生产使用不可循环利用的材料则不可逆转地侵蚀这一共同遗产。因此在开发未来材料时，除了对成本和性能的权衡，我们必须意识到，任何一代人都不能自私地认为自己是这个美丽的蓝色星球的唯一主人。

1968 年 12 月 24 日，航天员威廉·安德斯在执行阿波罗 8 号任务期间，
拍下了有史以来人类拍摄的第一张地球的照片

目 录
CONTENTS

第一章

视觉：超级塑料
塑料为什么让人如此震惊？

"女士，这料子可是莫普纶！"

回想一下，你就会发现，即使只是在 20 年前，想凭一个人的力量搬动一台中等大小的电视机，也是天方夜谭。在那个年代，电视机和洗衣机、冰箱一样，属于最重的家用电器之一，需要固定在专用的位置上。然而在今天，人们可以轻易地用一只手拿起一台 32 英寸的电视，它的体积几乎与一幅油画相当。而日新月异的超轻屏幕更是令人惊叹：现在所有知名的科技展会都会展出至少一种新的超薄甚至可折叠的屏幕。这些采用尖端科技制造的屏幕，除了具备与普通屏幕相同的功能，外形与张贴的海报类似，甚至连厚度也在向海报靠拢。尽管这些新型屏幕目前价格极其昂贵，但分析人士认为它们代表了同类产品发展的主流技术。而使这种几年前还只存在于科幻小说中的屏幕成为现实的，正是塑料。无论塑料的诞生到底是好是坏，它已然成为这个时代的主角。

塑料这种材料的发展，或者说，正如我们看到的那样，这一类材料的发展与意大利渊源颇深。对这一领域比较了解的读者可能会立刻想到朱利奥·纳塔[1]那张著名的照片：他观察着聚丙烯几何结构的三维模型，神情沉着和欣喜，透露出科学家独特的疏离感。不过，对于在 20 世纪 60 年代初成长起来的这代意大利人来说，最熟悉的面孔肯定是路易吉·布拉米耶里[2]，他标志性的一幕正是大声喊出："女士，这料子可是莫普纶！"

莫普纶是商品名，它是蒙特卡蒂尼公司（也就是后来的蒙特爱迪生公司）发明的一种异构聚丙烯。这种新型材料在经济飞速发展的数十年中彻底改变了消费者的习惯。今天，我们的日常生活已经离不开塑料。我们处理食物的厨房用具、储存食品的容器、冰箱的外壳等都是由塑料制成的；所有的电源插座、连接插座的电线绝缘壳也都是塑料；塑料还遍及我们所驾驶的汽车的内饰和车轮、我们办公桌上的大多数物品、我们放在钱包里的各种卡、水瓶……塑料制品的种类可以说是数不胜数。

塑料之所以大获成功，是因为它完美结合了低成本和具有独特性能这两个因素。即使不熟悉物品原材料之间的微妙区别的消费者，也能通过两个显而易见的特征来辨别塑料制品，即

---

① 朱利奥·纳塔（Giulio Natta，1903—1979），意大利化学家，因在聚合反应的催化剂研究上作出杰出贡献，与德国化学家卡尔·齐格勒共同获得 1963 年度诺贝尔化学奖。——译者注（若不另标，脚注均为译者注）

② 路易吉·布拉米耶里（Luigi Bramieri，1928—1996），意大利知名喜剧演员。

可塑性和轻盈性。这两个特征将塑料制品与金属、陶瓷、木质或其他各类制品区分开来（纸张除外）。此外，塑料在受热后产生的反应其实也是它得以广泛应用的基础之一，即使这一点通常被认为是缺点而不是优点。有些塑料在加热后会变硬（热固性），但大多数用于制造日常用品的塑料具有相反的特性，它们在受热时明显变软（热塑性）。这一特性是塑料制品极端廉价的原因，也是它们得以掀起产品设计革新潮流的基础。就像玻璃一样，塑料可以被制成流体，并被塑造出各种各样的形状。然而，与玻璃不同的是，塑料可以在相对较低的温度下加工，而且最重要的是，塑料不仅不易碎，还具有弹性，或者更准确地说，具有"可塑性"。

此外，还有一些塑料能够导电、发光、对外部刺激如压力或光照作出"智能"反应，而且令人惊讶的是，它们的种类和应用十分广泛。这些新型塑料和传统塑料的共同特点是，它们都是由被称为聚合物的结构单元组成的。为了更好地理解塑料，接下来让我们以简洁而严谨的方式了解什么是聚合物，以及它的性质为什么能让塑料具有不同特性。

聚合物是什么？

意大利语中的"polimero"（聚合物）一词源自希腊语polymeros，其含义是"由多个部分组成"。1833年，瑞典化学家贝采利乌斯[1]在研究纤维素这种天然聚合物时认识到这类材料的一些基本特征，并最早使用这个单词。

我们可以想象一串珍珠项链来模拟聚合物的结构。项链的整体特征由组成项链的珍珠的特性（如大小、硬度、颜色、强度、反射光线的能力等）、连接珍珠的材料及其长度决定。珍珠可以看作聚合物中的"结构单元"，如果一种聚合物中所有的结构单元都相同，那么这种聚合物被称为均聚物，如果构成链条的成分不完全相同，出现了两种或更多类型的结构单元，那么这种聚合物则是共聚物。结构单元之间通过化学键互相连接。不同类型的聚合物特性不同，即使由类似的结构单元（相同的珍珠）组成，通过不同的纽带连接（丝线、金链或钢绳等）也会带来不同的整体特征。这种想象比较有助于我们理解热塑性聚合物的机械特性，但值得一提的是，我们谈论的珠子（即结构单元）数量远远超出了日常生活的范畴。比如对于莫普纶这种材料而言，结构单元的数量超过一万个是很常见的！严谨地来说，贝采利乌斯的研究没有认识到纤维素由各种"相同的部分"连接形成长链而组成，他认为每颗"珍珠"都是一个单独的、可分离的个体，仅仅靠黏性连接在一起。现代聚合物结构模型的诞生要归功于德国化学家赫尔曼·施陶丁格[2]，他

---

[1] 贝采利乌斯（Jons Jakob Berzelius，1779—1848），瑞典化学家，伯爵，现代化学奠基人之一，测定原子量，发明了化学符号。

[2] 赫尔曼·施陶丁格（Hermann Staudinger，1881—1965），德国有机化学家和聚合物化学家，高分子化学奠基人，于1953年获得诺贝尔化学奖。

提出了一个塑料结构的关键术语：高分子。

现在让我们在以上所有元素的基础上，做一个小小的思想实验：让我们想象一下，一个抽屉里装满了项链，每条项链都很长，混杂在一起难以分开。这些项链团成了难以解开的结，但这个结虽然由很多部分组成，却可以整体从抽屉中一次性取出，并且在所有方面都表现得像一个单一的物体，此外还具有某些独有的特征。无论项链中单个珠子的特性如何，这团项链整体上看上去是一个可变形的物体。这个"链球"中的每个链可以活动，但空间有限，因此它可以通过改变链条的结构来应对一定的压力，但承受限度很低。然而，如果我们试图使链球过度变形，比如朝着一个方向用力拉伸，那么各个链条便会沿着拉力的方向延展排列，为了让链球进一步变形，我们就需要施加更大的力。这就是为什么我们要剪开一个塑料袋非常容易，但想通过两手将其撕成两半却很难。

实践中还会遇到的一个问题是，为什么热塑性聚合物随着温度的升高会变得越来越容易变形。为了解释这一现象，我们需要把珠链的模型变得稍微复杂一些，加上一个客观条件，即连接珠子的线和珠子本身都会随着温度的上升而变得更容易变形。因此，当温度升高时，链球在受力时，其中各个链条更容易彼此相对移动。而当温度变得足够高时，所有的链条都可以自由流动，此时链球整体就像一个黏性流体。

相反，对于热固性聚合物来说，温度的升高会促成结构单元之间形成新的化学键。随着温度不断升高，一些珠子会同时成为几条不同链条的一部分，整个链球中的连接变得更密集。随着连接网络越来越密，链球也变得越来越不容易变形。

以上的所有讨论适用于所有类型的聚合物，不过我们也会发现，不同类型的塑料之间特性也大为不同。用于制作眼镜框和沙拉碗的莫普纶和用于制作眼镜镜片的聚碳酸酯（PC）、用于制作塑料矿泉水瓶的聚对苯二甲酸乙二醇酯（PET）和用于制作绝缘电线的聚氯乙烯（PVC）有截然不同的特性。接下来，本书将讲述两个重要的故事，以便于了解如何精确和有效地制备具有某些特性和功能的现代塑料，同时避免塑料失去某些特征。其中，一个故事的主题与本章相关，另一个的故事则将在下一章中讨论。

第一个故事是关于有机发光二极管（OLED）的发展。这一器件中用到的聚合物非常特别，它的诞生要从 1958 年朱利奥·纳塔的实验室说起，异构聚丙烯也诞生于这一时期。

半导体聚合物的诞生

为了更好地理解下面的内容，首先我们简要了解一下乙烯（聚乙烯的结构单元）的化学结构，以及这种结构在插入聚合物链后会如何变化。

乙烯是一种非常简单的化合物，由两个碳原子和四个氢原子组成。化学家们为了表示各种化学结构，发明了分子结构图，以简明而严谨的方式表示各种原子的空间结构，以及连接原子的内聚力（即化学键）。在乙烯的分子结构图（图1）中，我们可以看到，碳原子分别以单键与两个氢原子结合，同时两个碳原子之间通过双键相连。而当这种气体化合物成为聚乙烯链的一部分时，碳原子之间相连的两个键中只保留其中一个，另一个并不会消失，构成这个键的两个电子转而把构成结构单元的碳原子与其他结构单元连接起来。这里我们也可以参考一个简单的机械模型来帮助想象：假设每个化学键是由两个黏合的尼龙搭扣组成的，如果将两个搭扣分开，每一个都可以和相邻的碳原子的搭扣相连。

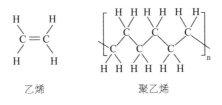

乙烯　　　　　　　　聚乙烯

图1　乙烯和聚乙烯的化学结构

因此，为了使结构单元聚合成链的过程发生，要保证每个结构单元的分子至少拥有一个双键，这个双键将被打破从而将分子对插入链中。化学中，将具有双键的乙烯称为不饱和乙烯，而不再具有双键的聚乙烯称为饱和乙烯。乙炔的分子结构比乙烯更加简单，它只由两个碳原子和两个氢原子组成。与乙烯和丙烯一样，乙炔也是一种气体；不同的是，乙炔的两个碳原子通过三个化学键相连（图2）。在研究乙炔时，纳塔预计理想情况下，三个键中的一个能引起聚合物链的形成，另外两个键仍是重复单元的两个碳原子之间的内聚力。图 2 展示的分子结构表明，聚乙烯和聚乙炔的主要区别正是碳原子间单键和双键的存在。因此，聚乙炔是一种不饱和材料，或者说是多不饱和聚合材料。单键和双键沿链交替整齐排列的共轭结构使聚乙炔也成为共轭材料。综上，我们可以说聚乙炔是一种共轭多不饱和聚合材料。这些特点使它与聚乙烯区分开来，聚乙烯是饱和聚合材料。

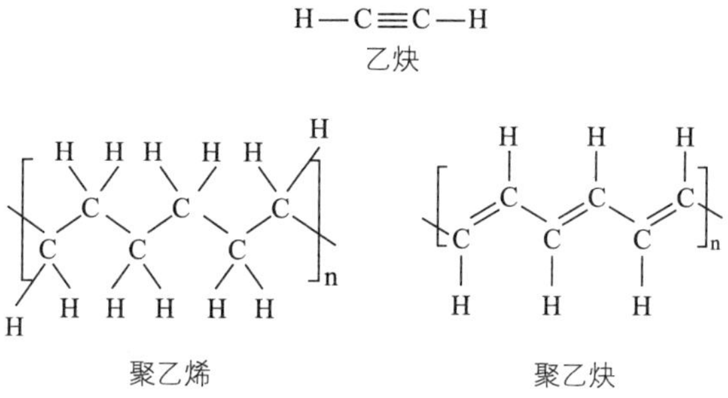

图 2　聚乙烯和乙炔、聚乙炔的化学结构

　　纳塔并未发现聚乙炔具有任何奇特的特性，因为他的聚合实验只获得了一种不溶于水、难以处理的黑色粉末。失望的纳塔决定放弃这个研究项目。

　　直到 1974 年，日本筑波大学教授白川英树[①]幸运地得到了一项彻底改变聚合物领域的发现。起初，白川英树是对纳塔在控制聚合的催化剂方面的研究产生兴趣。催化剂指的是一类促

①　白川英树（Hideki Shirakawa，1936—　），2000 年度诺贝尔化学奖获得者，其主要贡献为导电高分子的研究。

进化学反应发生而不被反应过程消耗的物质。有些催化剂可以凭借极低的浓度促进化学反应发生，而且很多情况下催化剂的使用并不是量大就会取得更好的效果，一方面这样从成本上来说不经济，另一方面，过量的催化剂是无用的，甚至反而会阻碍对化学反应的控制。举例来说，很多爆炸都是由高效催化剂引发的，这些催化剂可以促使一般情况下不会发生的自发化学反应发生，从而快速产生大量的热量。

白川英树的一名韩国学生（他的名字没有官方记录和报道）在试图重复纳塔和科拉迪尼[①]在1958年的实验时，犯了一个计算错误，使用了100倍规定剂量的催化剂。实验记录没有明确体现反应器是否在与乙炔接触时发生了爆炸，但可以肯定的是，在重复实验的某个程序中确实发生了爆炸。此后，业内再也没有听到这位韩国学生的消息，这似乎表示白川英树对重复实验的结果并不十分满意。然而，对于材料学发展史来说重要的是，除了纳塔此前已经观察到的黑色粉末，反应堆还包含了一种金属光泽的薄膜，只是当时没有人将其与聚合物材料的特性联系起来。

此后，白川英树遇到了另一位未来的诺贝尔奖获得者，宾夕法尼亚大学的艾伦·麦克迪尔米德[②]。巧合的是，麦克迪尔

---

① 保罗·科拉迪尼（Paolo Corradini，1930—2006），意大利化学家。

② 艾伦·麦克迪尔米德（Alan G. MacDiarmid，1927—2007），著名化学家，具有新西兰和美国双重国籍，因发现与研究导电聚合物，与艾伦·黑格、白川英树一起获得2000年度诺贝尔化学奖。

米德当时正与同事艾伦·黑格 [1] 一起研究一种非常特殊的聚合物——聚氮化硫的特性，它的特性与聚乙炔有些相似。麦克迪尔米德和黑格注意到，将聚硫氮化物暴露在氧化物蒸气中可以使其传导电流的能力提高 10 倍。这一电导率值并不十分惊人，因此这种聚合物的研究没有引起太多关注。但这一新发现使得白川英树被邀请前往宾夕法尼亚大学共同研究这种处理方法对聚乙炔薄膜的影响。他们发现了惊人的结果：氧化处理（化学中称之为"掺杂"）后，薄膜的电导率增长了 1000 万倍。在适当的条件下，适当方向（还记得链球的模型吗？）的聚乙炔材料展现了比铜更好的电荷传导能力！尽管聚乙炔是一种出色的导体，但它不是金属，而是一种半导体，这里有必要简要介绍一下二者的区别。

金属和半导体

想必即使是对物理学知之甚少的读者也知道金属具有导电性。而且同样众所周知的是，不同金属的导电性（电导率）不同。还有一点也许不那么广为人知，随着温度的升高，金属的导电性会下降。而对于未掺入杂质的本征半导体来说，情况恰恰相反，它的电导率会随着温度的升高而增加。为了解释这一

[1] 艾伦·黑格（Alan J.Heeger，1936— ），物理、化学、材料学家，因对导电高聚物的发现和发展作出了杰出贡献，与艾伦·麦克迪尔米德和白川英树一起获得 2000 年度诺贝尔化学奖。

现象，这里必须引入固体物理学的微观概念。粗略来说，纯半导体材料中的电子不能自由移动，因为它们占据了所有可用的空间。你可以想象一个站满了人的房间，所有人摩肩接踵、挨挨挤挤，无法移动。对于电子来说，温度会使其具有的能量增加，从而上升到更高的水平。类比那个站满人的房间，就好像一个人跳跃到楼上另一个相同但空旷的房间（请原谅这种解释并不完全精准）。这个基本模型可以解释 3 个重要特征：①提供给单个电子的能量必须大于等于它跳跃进入空房间所需的能量；②一旦进入空房间，电子就可以更自由地移动，从而提高电导率；③下层房间中留下的电子也可以利用空出的微小空间进行移动。

有机材料的掺杂过程是一个氧化或还原的化学过程，与刚才谈论的情况类似。聚乙炔等材料的氧化意味着它会失去一些电子，从而释放房间中的空间（准确地来说是"能带"）。这就是为什么本征聚乙炔不导电，而氧化的聚乙炔能导电。电子从一个拥挤的能级跃入一个不拥挤的能级成为自由电子，在原本的能级留出空穴，这不仅使电荷的传导更加有效，还会促进材料中储存的能量增加：只要半导体有机会，它就会试图将电子带回它原来的能级（术语称为"复合"）。如果自由电子和空穴是通过向材料提供能量而产生的，且随后的复合会导致发光，那么这个现象就被称为"光致发光"。此外，也可以将一个电子注入材料一端的高能级，同时从另一端的固体级中去除另一个电子。在电场的作用下，电子和空穴会向对方移动，并能够复合，这被称为"电致发光"（由于电流的通过而导致发光）。

　　还可以通过施加与前一种情况相反的电位差来照亮材料，并产生自由电子和空穴。在这种情况下，光通过光电探测器（广泛应用于电梯中的一种光电单元）和光伏板而产生电流，这被称为"光电效应"。无机材料中的电致发光和光电效应早已被科学家发现，并且在半导体聚合物中观察到这些现象之前的几十年就已经被广泛应用。第一个聚合物有机发光二极管发明于 1990 年，而第一个聚合物太阳能电池则诞生于 2005 年（同样有艾伦·黑格的参与）。需要强调的是，有机发光二极管的性能与无机发光二极管（LED）相比，可以说是相同甚至更好，但缺点是其稳定性要比后者低得多。就有机太阳能电池而言，无论是稳定性还是性能，它还比不上以硅和其他无机半导体为基础的技术的商业化应用。

"我合上电视就来！"

　　人们会对可印刷电子产品感兴趣，主要原因与其性能无关，而是因为可以降低成本和提高可持续性。成熟的无机半导体的制造对处理技术的精细程度和对生产环境的清洁度要求极高。微电子硅对固有杂质（即非故意掺入的杂质）的容许度仅为十亿分之一的数量级。而对于有机材料来说，这种纯度水平是没有必要的，而且也无法检测。此外，新一代有机材料与聚乙炔有很大不同，它们在空气中可以稳定存在，并可溶于特定的溶剂。在实际应用中，含有有机半导体的油墨可以通过常见的印刷技术进行印刷。此外，多不饱和聚合物保留了饱和聚合物的许多机械特性，如机械韧性，以及与各种形状和粗糙度的表面的兼容性。当然，只要对聚乙炔的简单结构进行哪怕是最微小的修改，也会使其更易溶解和更稳定，但其性能也会急剧下降。因此，有机材料在技术上与更成熟稳定的无机材料相比还存在很大的局限性。

在这一点上，不妨举几个利用这些特点的现有或正在开发的技术解决方案的例子。有一种电容器是我们每天都会不知不觉中接触到的，那就是便携式电子设备中使用的电容器。电容器是电路中用到的一种非常简单的元件，其功能是储存电荷。结构最简单的电容器由两种金属及夹在金属之间的绝缘材料组成。当在电容器的两个电极之间施加电压时，由于绝缘体的存在，电荷不能流动，在绝缘体的界面上形成符号相反的电荷薄层。一般来说，电容器的电荷储存能力取决于电极和绝缘材料之间的接触面积：储存越多的电荷，就需要越大的接触面积。

但这种简单的电容器对于便携式电子产品来说显然是不可用的，因为在这种情况下，电容器的设计必须做到节省空间和轻便。因此开发了特殊的电容器：这种电容器的其中一个触点由金属粉末组成，通过金属颗粒之间的微小接触保持内聚，这样得到的金属材料致密且具有非常高的表面积，暴露在氧气中会产生一层薄而均质的氧化物层，作为电介质；但当第二个触点必须接触氧化物层时，问题就出现了，没有金属可以穿透构成设备表面形成的密集微观孔隙网络。

这一问题的完美解决多亏了一种被称为 PEDOT：PSS[①] 的特殊重掺杂高电导率半导体聚合物。PEDOT：PSS 在水中的溶解度极高，聚合物水溶液可以很容易地渗透到金属 / 氧化物复合物的孔隙中。此时，只需要通过简单的热处理去除聚合物溶液中的水分子，就可以得到满足电容器需要的接触面积的涂层。这种电容器载荷量高，同时体积小、重量轻。可以说，十之八九的读者手边至少有一台便携式电子设备，这些设备之所以能够工作，正是多亏了导电塑料的发明和应用。

迄今为止，PEDOT：PSS 没有显示出任何毒性，因而在多种设备和器件中应用广泛，如有机晶体管和可打印的太阳能电池、电致变色装置（我们将在第七章中谈到）、热电装置和传感器等。最近，甚至有研究发现，基于 PEDOT：PSS 的设备能够区分神经退行性疾病等的特定标记，可以说在生物电子领域开辟了新的革命性的研究方向。

PEDOT：PSS 是一种新奇而精致的材料，而我们在本章开篇提到的超薄、超亮电视的生产则使用了更高效的电致发光材料。除了在节约体积方面的显著优势，这项新技术在可持续性方面也有重要影响。考虑到我们的垃圾填埋场中充斥着各种类型的垃圾，其中含有各种不可再生的原材料，这些垃圾可谓是

---

① PEDOT：PSS：聚（3，4- 亚乙二氧基噻吩）- 聚（苯乙烯磺酸），由 PEDOT 和 PSS 混合而成，是一种常用的有机导电聚合物，易于加工成形，具有良好的导电性和透光率。

沉重的负担。本书的前言中已经提到，真正的创新必须是可持续的，本章及之后的几乎每一章都会反复强调这一点。

现在让我们将普通电视机（即使是新一代电视机）与柔性屏电视做一个比较。

首先，后者使用的材料是无与伦比的。有机发光显示器屏幕的 90% 的重量来自印刷它们的塑料薄膜；此外，有机半导体和金属触点打造的"活性层"具有超薄的特点。还有一点必须提到的是，有机发光二极管在将电流转换为光辐射方面具有极高的能源效率。我们这一代人在提高能效方面取得了巨大的进步。我们都非常熟悉的白炽灯，比起光源更适合归类为热源，其发光效率通常低于 5%，其他的能量都转换成了热能。而无机发光二极管的光效则可以达到 30%。目前，有机发光二极管的光效还比较低，但近期发现的热激活延迟荧光现象有望实现其效能的显著提高。因此我们说，柔性屏是一个非常成功的创新案例，不仅能够降低生产成本、减少原材料的使用，还具有高电 – 光转换效率以及与柔性基材的兼容性高等特点，兼具高性能、高能效和对资源利用的最小化的优势。

当然，即使只产生少量的垃圾也还是产生了垃圾，特别是材料中包含现在越来越不受欢迎的塑料。好在科学界在这方面的研究也正在进步，我们将在下一章从不愉快的气味开始探讨这个问题。

第二章

嗅觉：塑料的尴尬地位

为什么购物袋会变得有味道？

塑料袋，提供便利也带来问题

塑料袋是一项已经应用成熟的发明。第一个关于塑料袋的专利申请诞生于 1965 年，来自瑞典公司 Celloplast。在那之前，人们使用的购物袋由纸或各种类型的织物制作。在美国，直到 20 世纪 80 年代，各大超市才使用塑料袋完全取代了纸袋，不过那是因为美国的超市历来喜欢使用纸袋。从那时起，塑料袋的地位从未被取代：人们没有理由不使用这种价廉、轻便、耐用、防水、可着色，而且可以与食品接触的材料。

从某种意义上说，今天我们之所以不再使用如此符合我们需求的产品，其原因在于它们在经济性和性能方面的极端效率。历史上，生产塑料袋的首选材料是聚乙烯和聚丙烯，这些材料的价格极低，对于商家来说成本几乎是微不足道的，在小商店和农贸市场甚至被视为售出商品的赠品，不会要求顾客单独付费。

不幸的是，全世界的人们普遍有一种心态，那就是不重视（几乎）不花钱就能得到的物品的价值。此外，也因为塑料的化学惰性和机械强度较差的特性，多年来，我们一直把可重复使用的塑料制品当作一次性物品来对待。对大多数人来说，购物袋的唯一后续用途是作为垃圾袋，塑料因此更加被视为一次性用品。

但这种现象反而让原本再好用不过的塑料袋的使用变得不可持续。要知道，聚乙烯这种材料具有高度稳定性，除非通过燃烧、切割或绞碎等方式处理，它几乎不可能自然降解。在正常大气条件下，聚乙烯制品可以完好无损地保存数百年。几十年来，我们对如此耐用的物品的处理几乎仅仅是把它们扔掉，这样说起来就显得非常奇怪，但这是将物品的价值仅仅认定为经济价值的社会模式所导致的严重后果。

可分类回收、可生物降解和可生物堆肥的塑料

塑料有很多不同种类。有的比聚乙烯更坚韧（但价格更贵），有的则更脆弱。大多数塑料的原料来自石化工业的产品；有一些塑料由天然原料制成，但不一定可生物降解；有一些塑料虽然不是可生物降解的，但可以回收利用；还有一些塑料则来自可再生资源，是可生物降解或生物堆肥的。人们可能会问，在这么多种类的塑料中，为什么现在我们选取一种明显不

太耐用（物理和化学性能上来说），还有异味的材料来制作塑料袋呢？在回答这个问题之前，我们有必要了解回收的概念，并了解与回收密切相关的可降解性的概念。

不同的塑料有不同的特性，在使用结束后需要经历不同的回收利用或处理过程，因此，人们需要尽可能地将塑料垃圾分类。目前根据有关规定，有 7 类可以单独回收的塑料制品。通常塑料垃圾的分类由垃圾处理公司负责，而不是在收集阶段进行处理。图 3 展示了不同类型塑料制品的标志，这些图标在产品上有清晰的标注，以便保护消费者权益和垃圾处理公司分类使用。

图 3　可单独回收的塑料垃圾类型

在此，我们不详细谈论各种类型塑料之间的差异，但应当说明的是，为什么不仅要区分玻璃、金属和塑料，还要区分 7 种不同类型的塑料，以及如何判断哪些通常被认为是塑料或橡胶的垃圾不应该被分类为"塑料"，而应该被分类为大件垃圾或不可回收垃圾。

化学回收和物理回收

　　现在人们已经形成的一点共识是，塑料瓶被扔进合适的垃圾桶，以便于回收。但是，人们还没有养成把塑料瓶盖和瓶子分来处理的习惯，通常需要通过额外的措施来鼓励人们这样做。比如举行收集瓶盖的活动，这些瓶盖可以用于资助当地社区购买轮椅或者其他医疗设备。但是对于大多数消费者来说，这种要求更像是一种负担，因此没有办法通过法律法规来强制要求人们这么做，只能由负责垃圾分类和回收处理的公司在收集过程的下游进行这种分类。

　　那么关键的问题来了，为什么这么做不仅有益，而且有必要？实际上，尽管塑料瓶和瓶盖都是由塑料制成的，但它们使用的并不是同一种塑料。瓶盖是由高密度聚乙烯制成的，非常耐用，理论上一个瓶盖可以使用几十次。从化学生产过程的角度来看，将乙烯转化为聚乙烯的反应是不可逆的，得到的产品不会再有任何变回原材料的可能。而且聚乙烯一旦形成，就是非常难以降解的材料，除非通过燃烧进行处理。

　　相比之下，瓶身是由完全不同的聚合物制成的，一般是聚对苯二甲酸乙二醇酯，即我们常说的 PET。这种塑料机械性能和化学稳定性都比聚乙烯差，但它是透明的，而且最重要的是，它可以通过可逆反应获得。在适当的条件下施加大量的能量对 PET 进行处理，可以将其分解成合成它的原始材料乙二醇和对苯二甲酸。虽然这一处理流程目前仍在不断优化中，大多数回收的 PET 并没有以这种方式进行处理。不过，理想地来说，PET 可以在适当的条件原原本本地还原成其组成部分，这种形式的回收一般被称为化学回收。总而言之，PET 可以进行化学回收，聚乙烯则不能。

实际上在我们的生活中物理回收更为常见，如玻璃制品的回收。玻璃制品在高温下会软化成黏稠液体，这时，我们可以对玻璃进行再次塑形，将其制成杯子、瓶子或其他物品。对聚乙烯及某些塑料制品可以用类似的方式处理，从而实现整体回收。在这种情况下，回收处理的关键在于塑料要尽可能纯净，即由单一类型的聚合物组成。这是因为不同的聚合物在融化后一般不会相互混溶，而是像油和醋一样相互分离，因而使处理过程变得极为复杂。所以说，分别收集塑料瓶盖和瓶子是有益且有必要的，因为 PET 和聚乙烯有着不同的特性，不能同时回收。

对于无法回收的塑料来说，分类就更加重要了。热固性材料在加热后发生的交联过程是不可逆的，并且无法被回收利用。轮胎就是这种材料。轮胎的主要材料是天然聚合物：乳胶。讽刺的是，有史以来最不可回收的聚合物产品之一的来源是天然聚合物，反而与石油化工产业无关。

乳胶是一种白色黏稠水基液体，通过凝结形成具有黏性和弹性的聚合物——天然橡胶，其特性与制作轮胎需要的性能完全不同。天然橡胶转变为用于制造轮胎胎面的坚韧、毫无黏性的材料的过程被称为硫化。硫化（vulcanization）一词来自罗马神话中火与锻冶之神伏尔甘（Vulcan），他对此过程非常熟悉。硫使天然橡胶（以及其他具有类似化学特性的聚合物）发生交联，从而完全改变其特性。但硫化橡胶不再是可回收材料。所有硫化橡胶都具有不可回收性，不管是化学上还是物理上，这就是为什么报废的含有硫化橡胶的制品，如轮胎以及许多橡胶手套、靴子、汽车的橡胶配件，目前都被列入"不可回收垃圾"或"大件垃圾"。轮胎的回收处理比塑料更为复杂，因为其中包含起到加固作用的金属丝。轮胎一旦生产完成，硫化橡胶和金属就不能再分离，因此一旦轮胎报废，就产生了难以处理的复合型垃圾。

生物塑料能否拯救我们?

到目前为止，我们已经了解了可回收和不可回收的塑料，以及两种不同的回收过程，并尽可能地根据塑料产品的详细组成来区分塑料垃圾的重要性。

不过，购物袋易破损且具有异味的问题与上述内容并没有关系。我们从超市拿到的购物袋有味道，是因为它们是由一种不可回收但可堆肥的塑料制成的，它既是一种生物塑料，也是一种可生物降解的材料。注意，这两个词并不是同义词。一般来说，"生物塑料"是指使用生物质（即可再生资源）作为原始材料获得的聚合物材料。

　　另一个有趣的例子是人造羊毛，或者说拉尼塔酪蛋白纤维，一种特定政治经济背景下诞生的材料。人造羊毛是通过加工牛奶中含有的一种蛋白质——酪蛋白而获得的纱线。意大利人安东尼奥·费雷蒂[①] 在 1937 年前后发明了这种材料。当时，人们已经开发出了数种合成纤维，其中很多比人造羊毛性能更好且成本更低，但随着 1933 年意大利法西斯政权的建立，意大利经济逐渐开始寻求自给自足，尝试建立一个基于国内资源的经济体系。意大利自古以来便是原材料和自然资源匮乏的国家，但这片土地不缺少智慧的头脑。埃塞俄比亚战争后，为了应对经济制裁，意大利法西斯政权大力推动塑料的开发利用，寻求非石油工业生产的原材料，而从牛奶中提取聚合物看起来是非常有希望的方向。在其推动下，意大利斯尼亚·维斯科萨（Snia Viscosa）公司生产的人造羊毛在意大利作为羊毛的替代品被广泛使用。第二次世界大战后，维斯科萨公司曾尝试改进这一材料并以"梅丽诺瓦纤维"（Merinova）的商品名将其重新推出，但当时化学纤维，尤其是腈纶的快速发展将这种酪蛋白纤维赶出了市场。进入 21 世纪后，随着消费者对产品原材料偏好的改变，这种材料重新进入人们的视野，因为其具有低致敏性，非常适合用于制作婴幼儿服装，并且也受到了对天然羊毛和化学纤维过敏的消费者的喜爱。

　　不过，即使人造羊毛来自天然材料且可再生，但它也不是

---

① 　安东尼奥·费雷蒂（Antonio Ferretti，1889—1955），意大利化学家和企业家。

可生物降解材料。生物降解指的是材料在环境中通过自然发生的反应，如水解（即物质在水中分解成小分子的过程）或细菌消化等，在短时间内完全降解的过程。此外，现在我们使用的可生物降解塑料都是可生物堆肥的，这些混杂在城市的有机垃圾中的塑料，在微生物的作用下可以完全降解，并生成可用于培植农作物的天然肥料。

　　并不是所有的生物塑料都是可生物降解和可堆肥的。一些已经发展得非常成熟的塑料，如 PET，目前也可以从天然的起始材料中获得，因此从这个角度来说通过这种方式生产的 PET 也属于生物塑料，但这不能改变其稳定的化学特性，毕竟生物降解性不是由其原材料决定的，而是取决于塑料产品的化学结构。

　　这才是问题的核心，因此在开发出性能更好的材料之前，我们不得不继续使用这种易破损且有异味的塑料袋。目前，意大利市场上使用的主要是由 Novamont 公司生产的 Mater-Bi 品牌生物塑料袋。这种塑料的化学结构属于商业机密，但据了解，它是用淀粉提取产物和添加剂制成的生物塑料。

　　淀粉是最常见的食品成分之一，它也是一种天然聚合物，即多糖。众所周知，我们烹饪时使用的大多数食材都有保质期，这是可以安全食用食材的最大期限。一旦超过保质期，微生物分解作用等自然降解过程会改变食品成分，形成对人体健康有害的物质。Mater-Bi 塑料的主要成分是淀粉，与我们在厨房中用到的淀粉相同，在恰当的储藏条件下，远离潮湿环境和细菌，那么这种成分是稳定的。而当 Mater-Bi 塑料袋与外界环境接触时，就开始了由环境中的微生物将其降解为肥料的过程。因此，可以说，从可生物降解的塑料袋暴露在大气环境中的那一刻起，它的生物降解过程也就开始了，随之而产生的就是那种特有的异味。当然，与过去 60 年中我们丢弃到地球生态环境中的巨量不可生物降解塑料相比，这些难闻的气味不过是微小的代价。

通过以上内容，我们应该很清楚地认识到，各类塑料没有好坏之分，它们只是具有不同特性，因此有不同的用途。为了方便使用，购物袋需要有各种规格。而一个优质的聚乙烯塑料袋不应被当作一次性用品，它至少可以被使用几十次。当聚乙烯塑料袋损坏而无法使用时，我们可以通过物理回收进行处理，将其制作成新的聚乙烯产品。这种不可生物降解塑料如果都能够进入循环处理流程，那么其实不会给生态环境造成任何破坏。但问题在于，各类广泛应用的塑料制品因成本极低，而被肆意使用和丢弃。

而假如一个袋子预计使用次数只有两次的话，即一次是作为购物袋，另一次是作为家用垃圾袋，那么这种袋子并不需要具有聚乙烯材料那么高的强度。实际上，回收处理 Mater-Bi 塑料袋比处理我们过去习惯使用的塑料袋更加复杂，但也是我们必须为过去没有负责地使用和处理各种塑料制品而付出的代价。

第三章

触觉："触摸屏"革命

为什么铟突然变得比黄金更重要？

触摸屏：改变我们日常生活的技术

在这个时代，生活在城市中的人们，时常会不可避免地身处人群中，比如在交通高峰时期乘坐公共交通工具，迫不得已地与许多陌生人共度或长或短的时光。城市中的公共交通网络是 20 世纪的伟大发明，从那时到现在，每个时代的人们都有不同习惯来度过这些与陌生人相处的时刻。在很长一段时间里，印刷品的气味是上班族通勤路上的密切伙伴。而在近几年，一项新发明的应用彻底改变了这种集体仪式感。只需要在交通高峰时期乘坐几次交通工具，你就会发现，无论年龄、职业或受教育水平如何，乘客们都在专注于手机或平板电脑的屏幕。也许有人会说，这种习惯和过去人们在车上用播放器听音乐或读书看报没有本质区别，但恰恰相反，这其中存在根本性的不同，即互动性。智能手机的功能包括播放音乐、展示文本，但更重要的是，它还是创造、管理和分享信息的工具，并通过前所未有的触摸的方式来进行操作。

　　新一代电子设备的触摸屏能提供给人们的可能性远非过去的键盘所能相比的。通过指尖的操作，不仅可以输入文字，还可以进行拖动、滚动和缩放。层出不穷的新一代设备和操作系统使人机交互越来越复杂，我们甚至开始同时使用三根甚至四根手指进行协同工作。目前的趋势是我们越来越期望尽可能简单、直观地通过触屏而不是打字等方式来传达信息。对于诞生于触摸屏技术广泛应用时代的青少年来说，他们本能地认为可以与任何播放视频、图像或文字信息的屏幕进行交互。在大型商场，我们经常可以看到儿童触摸展示的显示屏幕，对于播放的图像没有随着触摸而变化感到困惑。

　　在新科技的发展方面，有趣的是，科幻小说能够作出极具远见的预测。从这个角度来看，可以说，对我们想象未来先进技术发展作出贡献最大的三部电影作品是《2001：太空漫游》《银翼杀手》和《星际迷航》（包括电视剧和电影）。当然，《星球大战》系列作品也具有传奇色彩，尽管它并不以未来主义而著名。但在这些开创性的科幻巨作中，触摸屏都未曾出现。实际上，触摸屏的概念直到 20 世纪 80 年代才出现在影视作品中，当时科技的发展已经使得这种技术的商业化应用成为可能。考虑到许多科幻电影对科技发展的预见性，如《银翼杀手》等电影早早引发了人们对现代人工智能技术的思考，《2001：太空漫游》中设想的失重状态下的运动十分接近真实情况，但直到 1987 年，电视剧《星际迷航：下一代》中才第一次出现了交互式屏幕，当时科学家们才普遍认为该技术可行，且有希望工业化量产。可以说，这表示当时人们对触摸屏技术缺乏关注和重视。不过这种技术的发展应用带来的影响，已经远远超出当初投资开发者的意图。可以说这种极度实用的技术解决方案已经成为人们的普遍生活习惯，一些科学家甚至预测人类会因此出现重大的进化适应性，比如手指长度增加和由于习惯在近距离使用非常明亮的屏幕而导致眼睛形态的变化。

第一个真正意义上的触摸屏模型的诞生可以追溯到 1965 年，当时英国马尔文皇家雷达研究所的工程师埃里克·阿瑟·约翰逊[①]开发出了第一个电容式触摸屏，称之为"人机之间的可编程界面"。电容式触摸屏的面板使用玻璃等绝缘体制成，表面涂有一层透明导电材料，如氧化铟锡（ITO），"导电"部位通常是人的手指。其工作原理是，当手指触摸电容式触摸屏的面板时，触点产生电信号，该信号可用于计算触点与屏幕四个角之间的距离。约翰逊发明的早期触摸屏一次只能处理一个触点，无法像现在的屏幕可以同时处理多点触摸操控。此外，这种触摸屏只能处理电信号，对压力不敏感，因此只能使用未戴手套的手指触摸，而不能使用手写笔等操控。

仅仅过了几年，电容式触摸屏就被电阻式触摸屏取代。与很多重大科学发现一样，电阻式触控技术的发明也是出于偶然。1970 年，在肯塔基大学任教的乔治·塞缪尔·赫斯

---

① 埃里克·阿瑟·约翰逊（Eric Arthur Johnson），英国工程师。

特[①] 在与同事詹姆斯·帕克斯和瑟曼·斯图尔特共同工作时，为了处理大量的实验数据，开发出一种无须烦琐测量，能够快速确定一张纸上标记的点的坐标的设备。这种设备为电阻式触摸屏的发展铺平了道路，它可以依据外部施加的压力而不是表面接触材料来定位触摸点。赫斯特开发的设备是不透明的，因为它的功能不需要透明的面板。肯塔基大学曾提出为赫斯特的发明申请专利，但赫斯特另有计划，他在一些同事的帮助下在工作之余继续完善实验，并在两年后成功开发出一种新的透明的触摸屏原型机。赫斯特将该设备命名为Elograph，创立了 Elographics 公司进行营销推广。这家公司引起硅谷投资者们的注意，最终该公司被收购并发展成为益逻（Elo）触控系统公司，至今仍活跃在触摸屏技术领域。

　　现在让我们了解一下电阻式触摸屏的工作原理。电阻式触摸屏由三层组成，分别是两层导体和一层绝缘隔离层。和电容式触摸屏一样，由于屏幕展现的图形位于电子触摸感应装置的后面，三层材料都必须是透明的。两层导体并不是均质的面板，而是由平行的细条形导体和绝缘材料穿插而成，从而形成平行排列的构造，技术术语中称为"导体图案化"。组装时，两个导体片的方向应使内片和外片上的细线相互垂直，从而形成方形网格结构。导体片之间的隔层既是绝缘体，也起到黏合导体片的作用，因此在没有扰动的情况下，两片导体牢固地黏在一起而不互相接触。当手指或其他物体向屏幕施加足够的压

① 乔治·塞缪尔·赫斯特（George Samuel Aurst），美国肯塔基大学教授。

力时，由于绝缘体的压缩，两个导电片就会相互接触，接触点产生的电信号经过处理可以转换为触点坐标。这是因为产生电信号的不是整个导体片，而是一个导体的垂直线和另一个导体的水平线相接触的点（或几个点，取决于屏幕的分辨率）。与屏幕面板相连的电子设备能够分辨构成两个导电片的每条导体线相关的独立电信号，垂直线和水平线之间的每个接触点都有明确的坐标值。电阻式触摸屏因此也被称为"万用"式屏幕，因为它们对任何类型物体施加的压力都有反应。

触摸屏技术还有很多种，比如纯光学原理的基于红外光电探测器的技术，曾用于生产 PLUTO Ⅳ 触摸屏终端，比较年长的读者可能对这些技术有些印象，但这些技术都没有对便携式电子产品的发展产生影响，因此这里不再详细讨论。

一种透明且导电的材料

电阻式和电容式技术应用的共同难点是需要找到一种对可见光透明同时又是良好导体的材料，因为屏幕展示的图形在手指或笔所触摸的面板的后面。一提到导电材料，人们往往会想到金属。但由于金属是不透明的，因此不适于用作屏幕面板。此外，应用较多的透明材料往往都是玻璃和塑料，如用于制作眼镜镜片的有机玻璃和聚碳酸酯，但两者都是性能出色的绝缘体。从这个角度来说，氧化铟锡是一种非常独特的材料，它既有氧化物（如制作普通玻璃的氧化硅）的光学性能，又有金属良好的导电性。虽然氧化铟锡是一种良好的导体，但它并不是金属，而是掺杂水平极高的半导体，因而在室温条件下导电性与金属相当。其主要成分是氧化铟，一般条件下，它和其他大多数氧化物一样是绝缘体。但是，当其中的一些铟原子被锡原子取代时（达到 1/4 左右时），和我们在第二章介绍掺杂概念时介绍的情况相同，氧化铟中空的高能带会被锡原子产生的电子填充。从材料结构来看，锡原子和铟原子的化学特征及大小在各方面都相似，但比后者多一个电子。每个掺入氧化铟的锡原子都带来一个电子，它可以在相对空的高能级上自由移动，因此材料的导电性能大幅增加。与此同时，材料对可见光的吸收率并不会明显上升，因此氧化铟锡在保持氧化物材料的透明度的同时，还能够像金属一样导电。

这种材料广泛应用的第一个难点在于其生产制备。"用锡原子替换铟原子"，虽然我们说起来好像很简单，但是用一个原子从固态晶体中置换另一个原子并不是那么轻易能实现的过程。在实际生产中，氧化铟锡这种具有可变化学计量的化合物一般是通过控制适当的成分比例（即锡原子数和铟原子数的比例）以薄膜的形式制备的，以便于获得所需的导电性和透明度，这一过程被称为"生长"。目前常用的制备方法有两种，溅射法和溶胶 – 凝胶法。

溅射法和溶胶 – 凝胶法具体过程十分复杂，难以详细描述，这里我们只能简要介绍其原理。溅射法的过程可以比作爆炸拆除废弃建筑物的过程：短短几秒钟内，建筑物爆炸而崩塌，升起一团团尘埃。在这里，我们需要关注的是爆炸后形成的尘埃云的成分及其运动。组成尘埃云的是建筑物崩解的碎片，成分混杂，而一旦形成，尘埃云会逐渐飘散，其中颗粒物会因自身重量，沉积在距离爆炸地点不同的位置，越细小的颗粒飘得越远。尘埃落定后，地面上就沉积了一层建筑物的粉尘。在工业生产中，溅射法是将需要的前体材料（对于制备氧化铟锡来说，是氧化铟和氧化锡）放在需要沉积氧化铟锡薄膜的基板的一定距离处，通过一定的方式轰击两种前体"靶材"使其汽化，然后采取特定技术手段使汽化后的物质按一定比例混合，并沉积在基板上。此时，将沉积的薄膜加热至 500℃ 以上的高温就足以获得光滑、均匀和高导电性的氧化铟锡层。

湿式溶胶 – 凝胶法需要用到合适的前体材料，材料应当含有铟和锡，并且易溶于酒精类溶剂。通过精准控制反应条件，前体材料在溶剂中会慢慢开始相互反应，形成微小的氧化铟锡颗粒。之后，将溶液倒在需要覆膜的基板上，通过蒸发溶剂和再次热处理，氧化铟锡颗粒就会沉积成致密的薄膜。溅射法和溶胶 – 凝胶法各有利弊，目前，如何在不耐受剧烈热处理的基材（如塑料）上制备氧化铟锡薄膜仍是一个技术难题。但是，真正限制氧化铟锡的不是生产方式，而是其主要成分——金属铟的获取。

突然声名鹊起的金属铟

在介绍金属铟的发现及其在地壳中的储量之前，首先要简单介绍一下"焰色反应",这是化学家们用于确定某些物质中是否存在某种金属元素的最常见技术之一。具体来说,就是使用铂或镍/铬合金的金属丝取一些待分析物质的样品,将样品放到本生灯(常见于各个时代的化学实验室图像的经典煤气灯)的氧化火焰中,并观察温度升高时火焰呈现的颜色。一些碱金属和碱土金属在这些条件下会激发出特有的光。比如,骨骼中含有的钙元素会呈现橙色,充电电池中含有的锂元素会呈现美丽的胭脂红,作为剧毒而在 20 世纪初就广为人知的铊元素会呈现一种独特的绿色(铊的名字来自希腊语 thallós,含义是"绿芽"或"树枝"),此外,与铟密切相关的锡和锌,分别呈现蓝紫色和蓝绿色。这一原理在日常生活也有应用,比如美丽的烟花正是利用金属的焰色制成的。

科学史上,很多元素的发现也要归功于对加热矿物产生的光的光谱学特征分析,即"光谱分析法"。1863 年,德国化学家费迪南德·赖希[1]和希罗尼莫斯·特奥多尔·里希特[2]正是因此首次发现了金属元素铟。他们采用了当时非常流行的实验方案,将从附近矿区获得的黄铁矿、砷黄铁矿、方铅矿和闪锌矿溶解在提纯的氯化锌溶液中。赖希作为从事火焰分析的化学家,不幸地患有色盲症,因此他请里希特协助完成检测和对比光谱线的工作。这里的"光谱线"指的是实验中的一种现象:

[1] 费迪南德·赖希(Ferdinand Reich,1799—1882),德国化学家。
[2] 希罗尼莫斯·特奥多尔·里希特(Hieronymous Theodor Richter,1824—1894),德国化学家。

为了更好地分辨物质中存在元素的种类和数量，使样品燃烧发出的光通过一个狭缝，然后用一个棱镜将其分解成不同的彩色光带，这些光带被称为光谱。在赖希开展实验的前一年，铊元素刚刚被发现，赖希和里希特使用的正是据说含有铊元素的矿物。但两位化学家实验中得到的光谱并不是典型的铊的绿色，而是呈现明亮的靛蓝色，这与当时任何已知元素的光谱都不同。两位化学家意识到这可能是一种新的元素，并将其命名为铟，这个词语来自拉丁语 indum，含义为"来自印度"，因为当时所有的蓝色颜料都产自印度。之后，赖希继续对这些矿物进行研究，并成功地分离出了纯铟，制成了 0.5 千克的金属锭并在 1867 年的世界博览会上展出。可惜的是，由于里希特声称自己是新元素铟的唯一发现者，赖希和里希特的友情自此破裂。

现在让我们来了解一下金属铟的特性。在物理性质方面，铟与锡十分相似：具有延展性，暴露在空气中时表面会氧化而失去光泽，像钠一样质地柔软，可以用小刀切开，如果在纸上划过会留下明显痕迹。这种金属的一个奇特特征是它具有极其微弱的放射性。自然界中 95.7% 的铟是原子量为 115 的同位素，其同位素会由 β 射线衰变为锡，但这一过程极其缓慢，铟的半衰期是 441×10^{14} 年，是估测的宇宙年龄的一万倍。因此，目前我们并不需要担心电子设备的生产会缺少原材料，因为只需要用到极少量的铟。

在地壳中，铟元素的丰度在所有元素中排第 68 位，含量约为二千万分之一。虽然这个数值看上去很小，但实际上与银、铋和汞的储量相当，只不过后面几种元素更常见，而且更易取得。在地壳中，还有很多元素的丰度要低得多，比如钯元素，这种元素在化学催化中起着非常重要的作用，大多数汽车的催化转换器都会用到，它的丰度只是铟的百分之一。铟之所以是一种稀缺元素，并不是因为它的丰度较低，而是因为它比较分散地分布在地壳中，简单地说，地球上不存在独立的铟矿，均以伴生矿产的形式产出。

铟对世界战略原料市场的影响

商用铟的主要来源是锌矿加工，如闪锌矿等，但只有在进行超大规模加工的情况下，从锌样品中分离少量的铟才具有成本效益，直接提取和提纯铟从经济成本来上说无论如何都是不可行的。因此，实际生产中，铟是其他冶金工艺的副产品。铟在市场上的稀缺性与其自然界的含量没有关系，而是取决于其他金属的年产量以及大型生产商供给铟的意愿和便利性。这种情况导致铟具有重大经济价值和战略地位，尤其是对于欧洲这样不生产铟但在微电子工业中大量消耗铟的地区来说。目前，中国是铟的主要生产国，其次是韩国、日本和加拿大。

在现代液晶显示器和触摸屏技术发展前，铟并不具有真正的市场价值，但 20 世纪 90 年代以来，铟的价格持续飙升，成为供不应求的典型案例。仅个人电脑显示器和电视行业的用量就占据铟元素全球年产量的 50%。铟元素及其相关副产品的垄断使得非产区国家在战略上处于非常不利的局面。图 4 和图 5 展示了铟的国际市场价格是如何受非产量因素影响的。换句话说，由于需求的增加，生产国确实增加了铟的产量，但价格仍然具有非常大幅的波动。正是由于其战略作用，欧洲各国已宣布铟为"战略资源"，许多旨在替代和促进铟回收利用的研究项目正在推进。目前，实施铟回收计划并取得一定成效的国家是日本，其高水平的科技发展建立在极度匮乏的自然资源之上，这一情况与意大利非常相似。

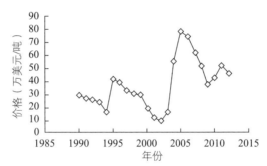

图 4　1990 年以来每吨铟的价格变化
（以 1998 年美元计算，排除了通货膨胀影响）

资料来源：http://minerals.usgs.gov/minerals/pubs/historical-statistics/#indium

向门捷列夫致敬：一个有序但具有欺骗性的元素周期表和一个扭曲但真实的元素周期表

2019 年是元素周期表诞生的第 150 周年。我想向大家介绍

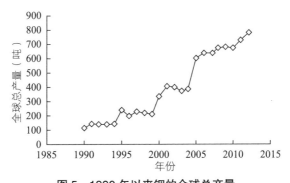

图 5　1990 年以来铟的全球总产量

资料来源：http://minerals.usgs.gov/minerals/pubs/historical-statistics/#indium

一个关于地壳中各元素相对丰度的图表，并以向伟大的俄罗斯化学家德米特里·门捷列夫[①]致敬来结束本章。1869 年，门捷列夫发明了元素周期表（图 6）。当时新元素的发现是比较频繁的，在那之前 7 年发现了铊，6 年前发现了铟。门捷列夫提出一种设想，即是否存在一种普遍的方法，将所有已知元素根据其特点排列起来，从而发现规律，用于找出尚未被发现的元素。因此他编制了一个表格，将元素按行和列排列。同一列的元素具有相似的化学特性，虽然绝对意义上的电子数量不同，但其"价层电子"具有相同的排布方式，这些电子能与其他原子相互作用形成化学键。每一横行的元素的原子序数递增，原子序数则是根据原子核中包含的质子数确定的。元素周期表的

---

① 德米特里·门捷列夫（Dmitrij Mendeleev，1834—1907），19 世纪俄国著名科学家，发现化学元素的周期性，依照原子量制作出世界上第一张元素周期表，并据以预见了一些尚未发现的元素。

图 6 元素周期表

族→	1	2	3	4	5	6	7	8	9	10	11	12	13	14	15	16	17	18
1	1 H 氢 hydrogen $[1.0078, 1.0082]$																	2 He 氦 helium 4.0026
2	3 Li 锂 lithium $[6.938, 6.997]$	4 Be 铍 beryllium 9.0122											5 B 硼 boron $[10.806, 10.821]$	6 C 碳 carbon $[12.009, 12.012]$	7 N 氮 nitrogen $[14.006, 14.008]$	8 O 氧 oxygen $[15.999, 16.000]$	9 F 氟 fluorine 18.998	10 Ne 氖 neon 20.180
3	11 Na 钠 sodium 22.990	12 Mg 镁 magnesium $[24.304, 24.307]$											13 Al 铝 aluminium 26.982	14 Si 硅 silicon $[28.084, 28.086]$	15 P 磷 phosphorus 30.974	16 S 硫 sulfur $[32.059, 32.076]$	17 Cl 氯 chlorine $[35.446, 35.457]$	18 Ar 氩 argon $[39.792, 39.963]$
4	19 K 钾 potassium 39.098	20 Ca 钙 calcium 40.078(4)	21 Sc 钪 scandium 44.956	22 Ti 钛 titanium 47.867	23 V 钒 vanadium 50.942	24 Cr 铬 chromium 51.996	25 Mn 锰 manganese 54.938	26 Fe 铁 iron 55.845(2)	27 Co 钴 cobalt 58.933	28 Ni 镍 nickel 58.693	29 Cu 铜 copper 63.546(3)	30 Zn 锌 zinc 65.38(2)	31 Ga 镓 gallium 69.723	32 Ge 锗 germanium 72.630(8)	33 As 砷 arsenic 74.922	34 Se 硒 selenium 78.971(8)	35 Br 溴 bromine $[79.901, 79.907]$	36 Kr 氪 krypton 83.798(2)
5	37 Rb 铷 rubidium 85.468	38 Sr 锶 strontium 87.62	39 Y 钇 yttrium 88.906	40 Zr 锆 zirconium 91.224(2)	41 Nb 铌 niobium 92.906	42 Mo 钼 molybdenum 95.95	43 Tc 锝 technetium	44 Ru 钌 ruthenium 101.07(2)	45 Rh 铑 rhodium 102.91	46 Pd 钯 palladium 106.42	47 Ag 银 silver 107.87	48 Cd 镉 cadmium 112.41	49 In 铟 indium 114.82	50 Sn 锡 tin 118.71	51 Sb 锑 antimony 121.76	52 Te 碲 tellurium 127.60(3)	53 I 碘 iodine 126.90	54 Xe 氙 xenon 131.29
6	55 Cs 铯 caesium 132.91	56 Ba 钡 barium 137.33	57-71 镧系 lanthanoids	72 Hf 铪 hafnium 178.49(2)	73 Ta 钽 tantalum 180.95	74 W 钨 tungsten 183.84	75 Re 铼 rhenium 186.21	76 Os 锇 osmium 190.23(3)	77 Ir 铱 iridium 192.22	78 Pt 铂 platinum 195.08	79 Au 金 gold 196.97	80 Hg 汞 mercury 200.59	81 Tl 铊 thallium $[204.38, 204.39]$	82 Pb 铅 lead 207.2	83 Bi 铋 bismuth 208.98	84 Po 钋 polonium	85 At 砹 astatine	86 Rn 氡 radon
7	87 Fr 钫 francium	88 Ra 镭 radium	89-103 锕系 actinoids	104 Rf 𬬻 rutherfordium	105 Db 𬭊 dubnium	106 Sg 𬭳 seaborgium	107 Bh 𬭛 bohrium	108 Hs 𬭶 hassium	109 Mt 鿏 meitnerium	110 Ds 𫟼 darmstadtium	111 Rg 𬬭 roentgenium	112 Cn 鿔 copernicium	113 Nh 鿭 nihonium	114 Fl 𫓧 flerovium	115 Mc 镆 moscovium	116 Lv 𫟷 livermorium	117 Ts 鿬 tennessine	118 Og 鿫 oganesson

镧系 lanthanoids

57 La 镧 lanthanum 138.91	58 Ce 铈 cerium 140.12	59 Pr 镨 praseodymium 140.91	60 Nd 钕 neodymium 144.24	61 Pm 钷 promethium	62 Sm 钐 samarium 150.36(2)	63 Eu 铕 europium 151.96	64 Gd 钆 gadolinium 157.25(3)	65 Tb 铽 terbium 158.93	66 Dy 镝 dysprosium 162.50	67 Ho 钬 holmium 164.93	68 Er 铒 erbium 167.26	69 Tm 铥 thulium 168.93	70 Yb 镱 ytterbium 173.05	71 Lu 镥 lutetium 174.97

锕系 actinoids

89 Ac 锕 actinium	90 Th 钍 thorium 232.04	91 Pa 镤 protactinium 231.04	92 U 铀 uranium 238.03	93 Np 镎 neptunium	94 Pu 钚 plutonium	95 Am 镅 americium	96 Cm 锔 curium	97 Bk 锫 berkelium	98 Cf 锎 californium	99 Es 锿 einsteinium	100 Fm 镄 fermium	101 Md 钔 mendelevium	102 No 锘 nobelium	103 Lr 铹 lawrencium

说明：
- 原子序数
- 元素符号
- 元素的中文名称
- 相对原子质量
- 标准原子量

由中国化学会译制。

其他规律在此不再赘述。图 7 中展示的周期表是由欧洲化学学
会为庆祝元素周期表周年而专门制作的，将图 6 与图 7 展示的
周期表进行对比，对于我们具有特殊的启发意义。

图 7 中的表格经过重新设计，每种元素所对应的面积与它们
在地壳中的相对丰度成正比。这一改动旨在提醒人们过度消耗某
种元素，尤其是在对我们社会的发展和延续至关重要的技术中发
挥关键作用的元素，存在极大风险。不幸的是，在此后的 100 年
中，铟并不是唯一面临严重匮乏危机的元素。仔细观察图 7，我
们会发现许多不曾预料的情况，例如似乎并不具有特殊价值的
锌，或者我们只用制作饰品和工具的银，也面临耗竭风险；钯也
被列为具有潜在危机的元素，但没有达到铟和锌的风险水平；还

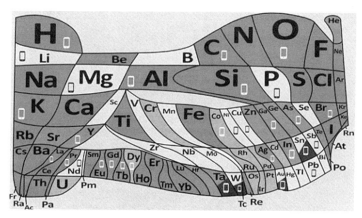

图 7　欧洲化学学会重新设计的元素周期表，每种元素
所对应的面积与其在地壳中的相对丰度成正比

资料来源：euchem.eu

有一个非常特殊的元素是氦气，我们常见的氦气的使用场景是儿童气球和高空气球，但这种惰性气体实际上对于医学诊断成像中的超低温光谱应用起到绝对关键的作用。每次我们去医院做磁共振成像（MRI）时，使用的仪器都会消耗大量氦气，并且目前还没有技术上可行的解决方案来取代氦气的使用。

值得注意的是，即使是自然中含量非常丰富的元素，如磷（用于生产化肥）或锂（用于制造可充电电池），尽管当下没有面临耗竭风险，但仍将成为我们未来需要面对的问题。这就要求我们，任何开发自然资源的战略都必须考虑可用性和循环利用的问题，也就是行业专家所说的"生命周期分析"。工业化的每一个过程都会从所有可用的、有限的、可测量的资源总量中消耗一部分。假如现在任何物品的使用寿命结束时，都不对其进行回收利用，那么它占用的资源就是从图 7 展示的资源总量中直接减去，这一行为绝不可取。一切可以低成本回收的物品都必须确保回收，设计新的产品时必须把可回收性作为不可或缺的因素考虑在内。近年来新提出的一个概念是"资源耗竭量"，是在对一个过程进行生命周期分析时通过复杂的计算对其可持续性的量化。这个数字确定了该过程使用的地球资源中不可退还、不可回收利用的份额。对此，近年来，欧盟要求在其直接资助的技术研究项目中，将生命周期分析和资源耗竭评估与技术效益和性能放在同等重要的位置进行考量。

第四章

听觉：听见钢铁的声音

打击乐手和冶金工程师之间有什么联系？

一把特殊的剑

位于米兰的斯福尔扎城堡收藏了众多珍贵文物，种类包括史前文物和古钱币等，其中最著名的是专门陈列在一个单独的展览室的米开朗琪罗遗作《隆达尼尼圣殇》[①]。此外，城堡中还收藏了一系列古埃及珍品以及达·芬奇的众多作品。

斯福尔扎城堡最吸引我的是其中的古代艺术博物馆，从我上小学到现在，这些年我去过许多次。我还记得在第一次参观时，我为一个日本收藏品的细节深深着迷，之后的几年中时常想起。馆中来自日本的展品位于欧洲文艺复兴盛期和晚期的武器、盔甲展览后面，在专门展示日本古代文物的展室内陈列着大量的武器，有刀剑、箭镞、戟、盾牌和锤子等，武器明显都是金属制成的，或多或少地带着被流逝的时光侵蚀的痕迹。但

[①] 米开朗琪罗生前的最后一件雕塑作品，也是其第四座"圣殇"主题雕塑，以展现耶稣去世场景为主题，未完成。

给我留下深刻印象的不是那些带着岁月痕迹的武器，而是一些虽然古老但仍锋利的古刀。馆中收藏了一批制作于日本江户时代中期（约 18 世纪）的日本刀，直到现在，这些日本刀的刀刃仍然闪亮、锋利。

世界各地还有一些更古老、保存也同样完好的日本刀，其中最著名的要数被列为日本国宝的那些，比如本庄正宗武士刀，它被认为是有史以来最优秀的日本刀，据说锻成后历经 700 多年仍光洁优雅、锋利如初。

自古至今，技术革命的推进离不开金属

下面我们将探讨这些日本刀传统锻造方式的独到之处。首先，我们需要了解金属的一些化学特性和物理特性。金属及其合金之所以能在人类技术发展史中占据独特地位，甚至史前的青铜时代和铁器时代都以金属命名，正是因为金属具有这些特性。

在地球上，除了黄金以及天降陨石带来的少量纯铜和纯铁，地壳中几乎不存在纯金属。因此，我们的祖先制造金属工具的先决条件就是原始冶金技术的发展。难以想象史前人类是如何发现冶金技术的，很有可能是机缘巧合。冶炼金属需要选择合适的矿石，在一定的范围精准控制反应条件，最重要的是，冶炼过程需要达到极高的温度。铜是人类最早发现的金属之一，石器时代之后的时代被称为青铜时代，正是因为这一时

期青铜器在人们的生产、生活中占据重要地位。就铜而言，难以想象史前人类仅使用篝火就完成了铜的冶炼。

目前，从孔雀石中提取金属铜是学习无机化学的大一学生要掌握的基础实验之一。孔雀石是一种含铜的矿石，呈深绿色，抛光后表面具有明亮的光泽，其意大利语名字源于希腊语，含义是"锦葵叶般的绿色"，因为锦葵叶呈鲜亮的绿色。众多史前文明的记载表明，孔雀石常被用作装饰石材和用于制作颜料。古埃及人尤其偏爱孔雀石，古埃及语中，充满和平与宁静的"天堂"也被称为"孔雀石场"。综上可以看出，远古时期孔雀石用途十分广泛，因此它可能因为各种原因接触到火源。

从化学成分看，孔雀石的主要成分为碱式碳酸铜，化学式为 $Cu_2(OH)_2CO_3$。当在通风良好的条件下被加热到足够高的温度时，碱式碳酸铜会分解生成氧化铜（CuO），并释放二氧化碳（CO_2）和水（H_2O）。氧化铜是一种深绿色的粉末，并不是金属，而是金属的氧化物。氧化铜和孔雀石在外观上唯一的区别在于颜色深度。我们的祖先拥有的唯一热源是燃烧的木材，因此孔雀石受热分解生成氧化铜后，极有可能接触到木材燃烧的余烬，如果此时有良好的通风条件，氧化铜会发生"氧化还原反应"。这一过程对人类技术发展史具有里程碑的意义。在本书第一章中，我们了解了无机半导体和有机半导体的掺杂，在这里，我们简要了解一下氧化还原反应。两种化学物质之间，一个或多个电子从具有高能电子（高能电子更易移动）的

一方转移到具有得到电子能量优势的一方的过程被称为氧化还
原，其中，失去电子的物质被称为"还原剂"，得到电子的则
是"氧化剂"。在冶炼孔雀石的实验中，氧化剂是氧化铜（从
名字也可以判断这一点），还原剂则是木材的余烬，或者说，
是木材经高温除去所有水分后剩余的碳。

　　仔细观察燃烧的木材余烬表面的绿色粉末，可以看到它逐
渐转变成一种暗红色的反光物质，这就是金属铜。参与反应的
碳元素则转变成二氧化碳气体和一氧化碳气体，飘散开来。虽
然原始篝火难以达到 800℃ 以上的温度（所谓的红热状态），
但是通过加强通风和调整木材摆放的形状，可以使火焰温度达
到铜的熔点 1083.4℃。可以想象我们的祖先在发现这种新材料
的特性时有多么惊讶和欣喜。常温下，铜质地坚硬，虽然比不
上某些石材，但比骨头硬得多；与此同时，在被加热到一定温
度时，铜会开始变软甚至熔化成流体，这时就可以对液态铜进
行塑形。当然，也有金属在常温下易于变形，如锡和钛，尤其
前者我们可以毫不费力地用手将其弯曲。不过，所有金属在加
热到足够温度时都能够变形，这被称为金属的"冶炼"。

为什么金属可以变形？

　　我们在讨论塑料的特性时，已经知道塑料是可变形材料，
虽然金属也是可变形材料，但它们具有可变形性的原因完全不
同。金属是晶体材料，人们常把晶体的概念与宝石联系在一

起，但二者不能完全等同。可以说，所有的宝石都是晶体（而且是单晶体），但不是所有的晶体都是宝石。金属晶体非常小，尺寸通常为百万分之一米。此外，金属晶体可以反射光线，因此不透明。金属物品通常由大量微小的晶体组成，晶体之间的接触界面被称为"晶界"。

　　包括金属晶体在内的所有晶体，其内部结构都具有周期性，即原子在三维空间内有规律地重复排列。但完全规律的晶体结构属于理想情况，实际上，仔细观察晶体内部，常常会发现局部原子排列不规则，这些区域被称为晶体缺陷。其中，沿着空间中一个方向延伸且范围较大的缺陷被称为"位错"。位错有各种类型，图 8 中所示的是最直观的"刃位错"。

　　由于位错等缺陷在晶体中可以移动，甚至影响上文提到的晶界，因此会对金属的特性产生重大影响。本质上，位错的移动会导致微晶体内部结构和晶界区域的重新分布，晶界会因位错的移动改变形状。这种微观层面复杂的变化使得金属具有可变形性。

　　让我们回到晶体内部原子排列的重复性。位错在单个微晶体（或者说"结构域"）中移动的难易程度，取决于特定金属的晶格（即原子在晶体中排列的空间结构）中原子之间形成的键的强度。当位错所在平面相对于与之接触的有序晶面移动时，有关相邻原子之间相连的金属键随之断裂和形成。而金属键的稳定性则与金属的熔化温度（即"熔点"）有关。金属被加热到熔融状态时，内部晶体结构完全破坏，单个原子得到的能量足以使其自由移动。因此，我们可以自然地得出结论，即位错的移动性与金属的熔点有关。

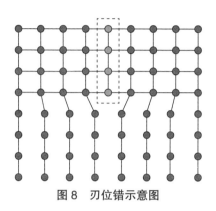

图 8 刃位错示意图

这一晶体模型虽然简单，但很准确。如果你尝试过焊接工作，那么你会知道锡的熔点相对较低，只有 231.88℃，而铅的熔点相对较高，为 327.502℃，这两种金属在常温下均易变形。相反，具有高熔点的金属如钨（熔点 3410℃±20℃）或铱（熔点 2410℃）在常温下极难变形。铜则处于中间态，它的熔点为 1083.4℃，硬度虽然高于铅和锡，但并不是最适合用于制造工具的金属。不过，相对于石器和骨器，铜器的发明是人类制造工具的能力的巨大飞跃。举世闻名的吉萨金字塔① 的建造也离不开铜器的使用，很多文献和纪录片讲述了古埃及人如何将巨

---

① 吉萨金字塔一般指吉萨金字塔群，位于尼罗河三角洲的吉萨，修建于约公元前 2575 至前 2465 年，是古埃及金字塔最成熟的代表，主要由胡夫金字塔、哈夫拉金字塔、孟卡拉金字塔、狮身人面像组成。

大的石块垒起，但这些石块从何而来呢？实际上，它们是通过使用铜制工具从采石场开凿的。使用并不非常耐磨的铜来制作凿子和楔子，意味着工人需要经常打磨工具。据科学家估计，整个建筑工程需要用到约 30 万件铜制工具，所用到的铜是通过加工约一万吨孔雀石或类似的铜矿石获得的。可以说是名副其实的"孔雀石场"（古埃及语的"天堂"）了！

成功的秘诀：金属合金

回顾冶金学的历史，可以说，这门学科是在一系列的系统性实验中逐渐发展起来的，这一过程被称为"试错实验"。早期，在很长一段时间内，钨等硬金属的冶炼在技术层面都不可能实现，不过我们的祖先肯定尝试了将孔雀石和来自不同产地的其他矿石混合冶炼，从而发现有些金属可以混融，并形成具有特殊性质的"合金"。这是一次新的技术革命，青铜被发现了。作为铜的合金，青铜可以通过类似冶炼铜的方式获得，而且硬度比铜高得多，用它制作的工具质量更好更耐用。青铜主要成分是铜和锡或砷（尤其是古代青铜器）的合金。在几种常见的铜矿石中，都可能存在微量的锡或砷。史前人类可能通过多次试验，发现使用来自不同地区产出的矿石冶炼的铜具有不同的强度，由此认识到原生矿石的成分会影响工具的机械性能。

常见的青铜中含有约 12% 的锡，锡的比例看似不高，却使纯铜的特性发生了极大变化。青铜属于"替代式合金"，即锡原子替代了原有的铜原子在晶格中所占的位置。由于锡原子的半径更大，因而在形成晶体结构后，位错变得更难移动，晶体整体的机械强度因此得到提升。此外，晶格的破坏重组还导致熔点下降，合金中锡浓度越高，则熔点越低。

青铜还是一种耐腐蚀的韧性合金，这是因为青铜制品暴露在空气中时，表面会形成一层氧化铜，并随着时间的推移转化成碳酸铜，从而阻止了青铜内部进一步氧化。但青铜接触到盐酸会形成氯化铜，这一反应会在青铜器内不断扩散，最终导致青铜完全分解。这种现象被称为"青铜病"。除了用于制作工具，青铜还长期受到艺术家的喜爱，用于铸造具有艺术性的器物，其中《里亚切青铜武士像》[①]就是最著名的青铜雕塑之一。直到今天，青铜仍被广泛应用。青铜还是铸造钟的最佳合金之一。不过，说到乐器的制造，性能最佳的其实是另一种铜合金——黄铜。

金属的声音：黄铜和钢

黄铜也是替代式铜基合金，与青铜不同的是，黄铜中添加的元素是锌。黄铜较易熔化，其熔点约为 900℃，具体数值取决于锌的含量。黄铜熔化后黏度较低，常用于铸造形状复

①　1972 年在意大利南部里亚切海岸出土，经鉴定，是公元前 506 年的希腊青铜铸像真本。

杂的铸件。黄铜可以制造出音色优美的乐器，吹奏乐器中有一类专门被命名为"铜管乐器"。本节的标题还提到了另一种合金——钢，它的特性在很长一段时期内一直没有被探究清楚，直到近代，科学家们才得以详细了解。

人类发明和使用钢的历史非常久远，目前出土的最早的钢器可以追溯到公元前 1800 年。在古罗马时期，人们就用钢制作石构建筑和木材建筑的加固件，以及部分军事装备和武器部件。不过与青铜和黄铜不同的是，直到 20 世纪初，钢的生产过程都只能依赖工人总结的经验。钢的生产技艺自古以来师徒相传、注重保密，这就导致在不同的文明和时代炼钢技术水平参差不齐。钢与我们之前介绍的合金具有很大不同，它有两个重要的特性：首先，钢并不是两种金属元素形成的合金，而是由铁和碳元素形成的；其次，钢属于填隙式合金而非替代式合金，顾名思义，在形成合金的过程中，碳原子没有取代原有的铁原子，而是嵌入铁原子之间的空隙中，铁原子在空间中的位置也因此发生微小的变化。从宏观的角度来看，与替代式合金的情况相似，填入间隙的原子也具有降低位错的移动性的作用，在加入铁（熔点 1535℃）等本身已经相当坚固的材料中，这种效果尤为明显，钢也因此成为人类发现的最成功的金属材料之一。

钢的韧性很大程度上取决于碳的含量。当含碳量高于 0.05%（低碳钢）而低于 2%（含碳量高于 0.85% 的钢称为超硬钢）时，材料的可变形性会随着含碳量的上升逐渐降低，但并不会变脆；

但是，如果含碳量高于 2%（需低于 6%，这是铁能够承载的最大碳浓度），随着含碳量上升，材料会变得过度坚硬且易碎。过去，人们把含碳量高于 2% 的生铁叫作废铁，因为难以对其加以利用。

钢的生产难点在于对材料含碳量的控制。前面我们已经讨论了在铜的冶炼中，煤炭既是提供能量的热源，也是参与氧化还原的还原剂。而在钢的冶炼中，除了这两个必要作用，煤炭还提供了掺入铁的碳元素。传统的冶金技术较为粗陋原始，难以精确控制铁在热氧化还原过程中吸收多少碳，在工业时代前，炉内各部分的温度、使用的煤的类型和数量、炉子的形状和通风条件、各种材料之间接触的时间等的差异，都会导致最后的结果出现极大不同。

因此，直到 19 世纪初，钢铁的冶炼比起科学的技术流程，更像是神秘的魔术。世界各地区在不同时期生产的钢材往往质量差异极大，且成品质量无法预测。

让我们试着更好地理解为什么这种特殊合金的制造会如此复杂。碳原子在铁晶格中的最高溶解度略高于 6%。如果将含铁的矿石放入通风炉，为提供热量加入的煤炭所提供的碳浓度一定远高于铁转化为钢所需的碳浓度。而且，一旦含碳量高于 1.5%，钢就会开始失去韧性。除了控制含碳量的问题，实际上，在钢铁冶炼发展的过程中，直到 1855 年亨利·贝塞麦[1] 发明了转炉炼钢法，人们才知道含碳量会影响钢的质量。此前，

---

[1]　亨利·贝塞麦（Henry Bessemer，1813—1898），英国工程师、发明家。

人们只认识到炼钢是一个极其微妙的过程，因此为了保证的钢的质量，人们只能多加尝试，一旦成功炼出高质量的钢，往后就会去再现该过程的所有细节。而在日本刀的传统锻造工艺中，听觉发挥了重要作用，这也是极度重视冶炼细节的范例。

当冶金、艺术遇到宗教

为了确保冶炼工艺流程的高度可重复性，日本刀匠对待钢铁冶炼的态度可谓极度谨慎、热忱和细致，他们的技艺与其说是生产技术，更像是艺术或宗教仪式。直到今天，从冶炼特殊的矿物砂铁到最后打磨刀刃，日本刀的锻造流程仍须严格遵循特定的步骤。用传统方法锻造的日本刀不仅仅是武器，更像是艺术品，其中凝结了悠久的传统，是日本文化的有形象征。

让我们通过正宗大师和他的弟子村正的一则轶事来了解日本的刀匠大师是如何构思自己的作品的。传说村正为了证明自己的技艺已经超越了老师，便向正宗发起了挑战。二人分别将自己锻造出的最好的刀垂在河水中，把刀刃正对水流上游。村正的刀斩断了顺水漂来的一切物体，而正宗的刀却只斩断了叶子，所有游过的鱼都避开了刀刃。见此，村正便嘲笑师父和他锻造的刀无用，而恰巧经过的一位僧侣却说比试的胜者应该是正宗。他说，村正的刀固然锋利无比，却是一把嗜血的刀，无差别地斩开刀刃前的一切事物；相反，正宗的刀会放过无辜的和不必要的事物，显然更胜一筹。

　　日本古代传统的冶铁方法要用到被称为"踏鞴"①的土炉。这种炉子是一次性的，在冶炼过程的最后会被打碎以取出金属。冶炼中，工匠首先会用质软的松木炭将炉子加热到 1000℃左右，然后交替用砂铁和木炭一层层地填满踏鞴炉。之后由几名工匠轮流工作，72 小时不间断地加热炉子。由于炉温较低，达不到铁的熔点，因此冶炼得到的金属中的各种成分不能充分混合，碳含量也不达标。一次冶炼过程历时约一周，踏鞴炉冷却后，将其打碎取出冶炼残留物，其中含有一些金属块"鉧"和少量"玉钢"。按照这种方法，炼制 1 吨玉钢，需要消耗约 9 吨砂铁和 11 吨炭，成本极其高昂，远远超出现代炼钢法。玉钢内部各部分的含碳量和成分分布非常不均匀，是多种合金的混合体。按照今天的技术标准，起始材料的异质性无疑会导致成品质量低劣，但日本刀匠恰恰用玉钢锻造出了众多名刀，这正是日本传统锻造法令人惊叹之处。锻造过程中，工匠需要挑选出玉钢中碳含量较低的部分，相当于我们今天说的"低碳钢"，这种钢材质地较软，但有较高的韧性；而碳含量饱和的部分无用，通常会在后续的冶炼工艺中重新锻造。

　　为了分辨玉钢中各种碳含量不同、韧性也因此不同的铁碳合金，日本刀匠大师充分运用听觉，通过金属杆敲击合金时发出的声音来辨别合金的质量。我们都知道，敲击质地优良的钢和铸铁发出的声音是不同的，钢发出的声音响亮，而铸铁的

① 踏鞴（Tatara），在日语中含义为"脚踏的风箱"，是冶炼钢铁设备的一部分。后来逐渐成为对整个设备的统称。

则较为沉闷。可想而知，分辨含碳量为 0.5% 的钢材和含碳量为 6% 的钢材还是比较容易的，但要听出更细微的区别，则需要更敏锐的耳朵。刀匠们会首先排除靠近木炭层的钢材，因为这些部分含碳量较高。然后他们运用自己敏锐而久经训练的耳朵，找出需要的钢材，锻造出自己的成品。

今天，只有经过认证的刀匠才能使用传统技法锻造日本刀，他们仍然坚持只使用玉钢进行锻造。在开始锻造前，刀匠需要准备三种合金材料：①和铁，碳含量低，质地柔韧，可以承受相当大的弯曲而不折断，被用作日本刀的刀心；②玉钢中靠近中间的部分，硬度较高且仍保有一定的韧度，不会过脆而易断；③生铁，即玉钢中碳含量最高的部分，使用前需要经过再次熔化锻造。这种合金硬度高，因而被用于制作日本刀的刀刃。

刀匠在锻造中会交替加入不同合金材料，一边加热，一边不断折叠和捶打碳含量不同的合金板。这一过程中，热弯曲导致位错的显著移动，同时还促进了不溶于铁的杂质排出。此外，热弯曲有利于各层合金之间碳浓度的再平衡，达到更均匀的分布。理想情况下，合金整体平均含碳量在 0.5% ~ 0.8%，这时合金的柔韧性和硬度达到最佳平衡。不过刀身各部分的碳浓度不会完全均一，一般来说，从刀心到刀刃，合金的含碳量是逐渐增加的，所有优质的日本刀都符合这一规律，不过不同锻造流派间采用的分布和比例不同。采用这种合金配比锻造的日本刀能够斩断另一把刀而自身完好无损，在技术落后的过去，这简直称得上奇迹。

关于传统日本刀的锻造细节、各流派不同处理手法和风格、刀刃的打磨和装柄等工艺，有很多书籍做专门介绍，这里不再详细讨论。从前文我们已经可以得出结论，这样细致完备和高度精炼的钢材锻造工艺所保证的质量、纯度和可重复性，无疑是现代冶金工业发展前的西方文明所无法比拟的。

现代钢铁冶金：贝塞麦转炉炼钢法

1885 年，亨利·贝塞麦公开表明，碳含量在钢铁冶炼中起到了关键作用，同时，他还为此申请了专利，不过起初他发明的工艺流程很不完备，带来的麻烦远远大于收益。贝塞麦认识到，到他那时为止的所有炼钢法都无法控制产品的含碳量，而且一般来说含碳量都会过高，导致钢材过脆而折断。因此，他的第一个专利正是一种在熔化矿石过程中控制碳含量并将其保持在 2% 以下的方法。

他的发明专利问世时，恰逢英国、法国、德国和美国等国工业高速发展的时期，新式炼钢法吸引了产业界广泛关注。许多投资人购买了贝塞麦炼钢法专利的使用权，却失望地发现用这种方法生产的钢材质量十分不稳定。多次被投资人质疑后，贝塞麦只能解释，他自己测试时是有效的。后来经过研究，他发现根源还是在于控制碳含量具有一定的技术难度，他使用自己建造的高炉来冶炼钢材的过程不具有通用性和可重复性。于是，贝塞麦着手开发更好的工艺。

贝塞麦的炼钢法要用到高炉，一种使用焦炭（多孔且杂质少的碳，通过在真空条件下干馏木炭或矿物油获得）为燃料的燃烧炉，用于加热、还原铁矿石，以及制取液态金属铁。由于炉中需要加入大量焦炭，还原反应得到的铁很快会碳饱和，形成生铁。我们可以通过与日本传统炼钢法具有相似原理的工艺，对生铁进行第一次精炼。前文已经提到，在加热状态下折叠和捶打金属有利于排出杂质，同时也能降低金属含碳量。这是因为合金中的碳原子会随着位错移动，当碳原子运动到合金表面时，与空气中的氧气接触，并在高温条件下发生燃烧反应，就会根据氧气量的不同生成一氧化碳或二氧化碳气体，逸散到空气中。起始碳浓度越高，这个过程就越容易发生。日本刀匠正是运用了这一原理调整合金含碳浓度，从而获得符合所需性能的钢材。不管贝塞麦是否听说过日本刀的传统锻造方法，他最终还是意识到了控制钢材碳含量最具可行性的方法是对初步得到的铁碳合金进行还原，然后在后续不同阶段加入所需数量的碳。他开始重点研究生铁的制备流程，不再限制这一过程中焦炭的用量，而是在生铁熔化成铁水后，通入足量氧气，将铁水中的碳全部转化成二氧化碳。这一过程中生铁是液态的，碳在其中的移动速度比在固态中快得多，因此这一过程快速而高效。生铁中的碳完全转化后，我们就得到了纯铁。这时，在没有氧气的情况下，向纯铁中加入的碳不再发挥还原剂作用，因为没有任何元素可供还原，因此只充当添加剂。接下来再按需加入适量的碳，即可获得钢材。

经过研究，确保新工艺流程完全可重复和可控后，贝塞麦本希望再次向投资人推销这一技术，但他失望地发现，市场规律是一旦你的名声和劣质产品联系起来，那就很难再获得信任。不过，贝塞麦没有放弃，找不到愿意采用新工艺的制造商，他就自己投资建设了一家工厂，并成功生产出质量极佳的钢材。虽然作为发明家没有赚到专利费，但他作为工厂主很快积累起了大量财富。故事有了圆满的结局，贝塞麦为自己赢回了作为科学家的声誉，他发明的炼钢法也得到普遍应用。

直到 20 世纪 60 年代，贝塞麦转炉炼钢法一直是冶金工业主流的炼钢法。钢铁厂是世界上最大的工业综合体之一，可以说，没有钢铁就没有工业文明。要提升钢铁冶炼工业的可持续性，我们现在还有很多步要走，不过可以肯定的是，有些不切实际的目标是不可能达成的。那些提出要以"零碳排放"为目标发展钢铁冶炼的人应该先认真了解钢铁冶炼的原理。正如我们所了解的，要从铁矿石中提炼生铁，必须用到一氧化碳作为还原剂，这里第一次产生了二氧化碳。其次，为了将生铁转化为钢，必须通过燃烧去除生铁中多余的碳，因此会再次产生二氧化碳。从技术更新的角度来看，虽然有可能利用化石燃料以外的能源加热铁矿石以获得生铁，但无法在不产生二氧化碳的情况下将生铁转化为钢。本书强调和倡导可持续发展理念，但我们必须认识到，有些工业流程产生二氧化碳是不可避免的，

其碳足迹 ① 不可能减少到零。正是考虑到这种情况，资源的回收和再利用的重要性才更加凸显。

真正的现代钢材——不锈钢

与过去质量不稳定的钢材相比，现代的钢材还有一个重要的特性，即不会生锈，在人们心中这一特点已经和钢材密不可分。正如人们常见的，铁是容易生锈的金属，而钢的绝大部分由铁组成，它却是一种典型的稳定金属材料。在介绍钢为什么不会生锈之前，让我们先简单了解一下金属腐蚀，这是金属材料会发生的最常见的化学降解现象。

腐蚀的过程与冶炼钢铁的高炉中发生的反应过程恰好相反。我们前面介绍了如何使用碳作为还原剂对孔雀石进行热处理，从而得到金属铜和二氧化碳。那么我们将面临的一个问题是，金属铜和铁都可作为氧气的还原剂与其发生氧化还原反应，而氧气在地球上到处都是。除了极少数例外，如贵金属，几乎所有金属都可以与氧气反应形成相应的氧化物。不过，虽然几乎所有金属都会氧化，但不是所有金属都会生锈，比如我们厨房中常用的铝箔纸和不锈钢餐具，非常耐用且不会生锈。

为了解释为什么同样是可氧化的金属，但有的抗腐蚀、有

---

① 碳足迹，是指企业机构、活动、产品或个人通过交通运输、食品生产和消费以及各类生产过程等引起的温室气体排放的集合。通常所有温室气体排放用二氧化碳当量来表示。

的不抗腐蚀，我们需要了解一个晶体学概念：晶格间距。这个物理量指的是晶体的晶格中两个等效原子之间的距离。晶格间距大小与构成晶体的原子种类有关，每种金属都有特定的晶格间距。当金属（本身往往是还原剂）与氧气（氧化剂）接触时，前者失电子而后者得电子，形成金属氧化物。在氧化物中，每个金属原子都与一个或多个氧原子相结合。与金属一样，氧化物也是晶体材料，也具有在空间中按规律重复的特定几何结构。抗腐蚀和不抗腐蚀的金属之间的区别在于，金属及其氧化物具有不同的晶体结构。更具体地说，晶格间距的不同导致了金属氧化物的抗腐蚀性不同。下面我们一起来看看两种极特殊的情况。我们都知道，铝是一种非常耐腐蚀的金属，这并不等于说它不会被氧化。铝粉暴露在液态氧中时，会发生剧烈反应并放热，引起爆炸。但是在一般情况下，铝材只有表面原子会发生氧化反应，形成一层致密的氧化铝层，其晶格间距与金属铝相近，可以阻止氧原子进入铝的其他部分。这层氧化膜非常薄，肉眼无法察觉，以至于让人以为金属铝没有发生氧化反应。

　　铁和钢（含有 99% 的铁）的情况则完全不同。和铝一样，铁可以作为还原剂与氧气发生反应，但是氧化层的晶格间距和底层金属的晶格间距非常不同。让我们通过一个简单的模型对氧化层的情况进行模拟：想象你买了一盒鸡蛋，现在你试着取出其中一枚，用另一个稍大一些的鸡蛋代替，很明显，你无法轻易把它放入空出来的位置。假如你用力将鸡蛋塞进去，结果只有两种可能：①旁边的一枚鸡蛋被挤碎了；②这个稍大一些的鸡蛋放进去了，但同时另一枚鸡蛋被挤了出来。类似地，氧化铁中的氧原子会进入下层原子，然后周围原子会因间距过小而上升到与空气接触的表面，因而不断有铁原子暴露在空气中被氧化。这就是为什么我们在生活中会看到一旦铁器生锈，铁锈就会一层一层地将铁器"剥离"。而且这个过程一旦开始就不会停止，因为每一层铁锈的剥落都对应着一个新的氧化铁膜的形成。由于钢材的主要成分是铁，其氧化原理是完全相同的，除非我们采取适当的方式阻止氧化反应的发生。1913年，英国科学家亨利·布雷尔利[①]在偶然中冶炼出了耐腐蚀的钢材，开辟了现代不锈钢的发展之路。在此前的60年中，钢制品实际上与普通铁制品一样会生锈。

当时正值第一次世界大战爆发前夕，各国都在备战。布雷尔利受到委托，试图冶炼比普通钢更坚硬的新式合金，用于制造加农炮的扳机。尽管当时的科学家还没有发展出现代冶金学的复杂计算模型，但他们已经意识到，虽然钢材中已经存在碳原子这种间隙杂质，但这并不会阻止其他种类原子的进入，与青铜、黄铜和锡的情况相同，其他金属原子也会掺杂进入钢材中。在不断寻找性能更好的合金材料的过程中，布雷尔利开启了一项实验计划，这是现代"组合材料学"的开端。在实践中，他已经开始尝试通过添加已有的材料铸造钢材。每冶炼出

---

① 亨利·布雷尔利（Harry Brearley，1871—1948），英国冶金学家，因发明不锈钢被称为"现代不锈钢之父"。

一种新的合金，他都会对其性能进行测试，如果性能比纯钢更差，这种合金就只是废品。由于没有系统的指导方针，布雷尔利的金属冶炼实验积累了大量令人失望的实验结果，实验室中堆积了大量废弃合金。不知道是出于刻意还是偶然，布雷尔利没有马上把这些废弃金属样品扔掉。于是，某天他忽然发现，虽然几乎所有金属样品都已经生锈，但还有一块合金仍然闪闪发亮。

在一堆漆黑且几乎不反光的废弃合金中，这块金属格外引人注目。多亏了细心严谨的实验习惯，布雷尔利给所有的样品都贴了标签，他很快确认了特殊合金的成分。这种合金具有的优异耐腐蚀性来自金属元素铬，它会先于铁与氧气发生反应，并在铁的表面形成一层氧化铬薄膜，阻止氧气与铁发生反应，这一过程被称为合金的"钝化"。氧化铬是透明的，可以完美地附着在铁的表面。当然，如果对合金进行研磨，氧化铬层可以被去除，但无论如何它的形成都比氧化铁快，因此氧化铬层可以快速再生。

铬钢，即不锈钢，是我们日常生活中最熟悉的金属材料。可以说它是我们最常放入口中的金属，因为很多餐具是用不锈钢制作的。不锈钢制造餐具的优势之一是它没有味道。如果我们舔一下铜或银制餐具，往往能感受到一种所谓的"金属味"，这种味道强烈而且令人不快。这是氧化铬的一个意外且令人可喜的"副作用"：我们只会接触无味的氧化铬，而不会接触到铁。你可以尝试将一把不锈钢餐叉放入嘴中，然后再放入一块生铁（请务必清洗干净），你会发现感觉明显不同。

　　当然，钢铁发展史并没有就此停滞。20 世纪，科学家发明了各种具有特殊性能钢材（所谓的"特种钢"）的生产工艺。钢铁已经成为促进社会发展不可缺少的材料，这也对环境产生不可忽视的影响。前文已经提到，制造钢铁的流程会不可避免地产生温室气体，目前没有替代的技术解决方案。避免工业产生的温室气体释放到大气中的唯一方法，是将其注入具有极低气体渗透特性的地质层中。累积在地质层中的二氧化碳，通过非常缓慢的动力学过程，可以转化为碳酸盐和固体矿物质，从而在很长一段时间内退出碳循环[①]。但这种方案的实施并不简单，对于地质环境也会产生深远影响，其大规模适应性还有待充分论证。此外，不锈钢的生产需要用到金属铬，一些铬盐（六价铬盐[②]）对环境和人体具有很高的毒性。长期以来，很多钢铁厂把未经处理的废水（洗涤水）直接排入湖泊和河流，造成了严重的长期污染。这种生产工艺目前没有可替代的技术解决方案，钢的持久性表面钝化必须使用金属铬。

　　钢铁和绝大多数金属产品一样都是可回收和再利用的。考虑到它们的生产会对环境产生只能尽量减少但不能完全消除的

---

① 碳循环，是指碳元素在地球上的生物圈、岩石圈、水圈及大气圈中交换，并随地球的运动循环不止的现象。

② 铬在自然界中主要以三价铬和六价铬的形式存在。三价铬参与人和动物体内的糖与脂肪的代谢，是人体必需的微量元素；六价铬则是明确的有毒有害污染物。

影响，那么我们就必须以能够量化的方式对其进行回收。为了减少温室气体的排放，尽管金属的初始冶炼需要还原剂的参加（随之形成二氧化碳），但后续的熔融和锻造可以用化石燃料燃烧以外的热源进行加热。此外，比起冶炼矿石，回收金属废料是更容易管理的金属来源。在未来，金属的加工利用必须成为一个封闭的循环，每种合金都能单独和完全地回收，从而使其对自然资源和环境产生的影响分散到许多代人身上。

　　没有人知道传说中的阿兹特克宝藏①中的黄金下落如何。有人说，在过去的几个世纪里，大部分黄金已经被重新熔化，制作成珠宝器物等流散在世界各地。虽有一定关系，但容易误读并被判为错误。不止黄金，每一种金属材料都是有价值的，因为其生产有环境成本，这是我们留给子孙后代的债务。而减轻这一负担的唯一方法，就是尽可能广而多地分类回收我们所制造的一切，将其成本分摊在更长的时间内。

---

① 1521 年，西班牙征服者埃尔南·科尔特斯（Hernan Cortes）率军攻陷阿兹特克帝国的首都特诺奇蒂特兰。阿兹特克人发起反击，将西班牙侵略者赶走。传闻西班牙入侵者逃跑时带走了掠夺的财宝。战后，这批财宝不知所踪，被称为"阿兹特克宝藏"。

第五章

味道：可食用材料

为什么要给苹果文身呢？

食品的溯源

经常在大型超市购物的读者会发现，在生鲜食品区，有着相同的生产日期和贮存条件的一批食品中，往往有一些已经损坏甚至变质了，但其他大部分还完好。导致食品在保质期内提前腐坏的因素有很多，可能是包装意外破损，或者本应冷藏或冷冻的食品没有按照规定的温度贮存。我们经常会看到，本应放在冷藏区域的食品被胡乱丢弃在其他货架或者收银台上。负责整理货架的人员无法知道这些食品已从冰箱中取出了多长时间，一般情况下，能采取的措施只有将其放回原处。但有时，即使仅仅暴露在常温或高温中几个小时，食品也会开始不可逆转的变质过程。而消费者不可能知道某件应该冷链运输的商品是否一直严格按照规定贮藏在 4℃ 下的环境中，还是中间有数个小时处在 25℃ 甚至 30℃ 的环境中。商品的运输与此相似。矿泉水的包装上往往会注明，本品应贮存在阴凉处，避免阳光直射。我们在商店买的矿泉水，看上去确实存放在室内阴凉处，也没有阳光直射，但我们无从得知矿泉水的运输和贮存是否严格遵守了这些规定。

对于鲜牛奶和矿泉水这样的商品，消费者唯一能够检查的只有购买时的贮存条件。法律法规中，对于生鲜食品的包装、贮存以及保质期都有明确规定。以鲜牛奶为例，意大利现行法律规定，从灌装出厂起，必须严格保证冷链运输贮存，相对于规定的温度（即 4℃），最高可容许温度为 18℃，且时间累计不得超过 3 小时。遗憾的是，法规并没有规定食品的制造商、承运人或销售商有义务证明实际冷链运输情况。在购买时，一包一直贮存在 4℃ 的牛奶，和一包意外在 30℃ 的阳光下晒了一整天，只是 1 小时前被放进 4℃ 的冰箱里的牛奶看上去是一样的。从技术层面来看，有许多解决方案可实现对物品"热历史[①]"的追踪。这些解决方案在食品领域尚未普及是因为过程过于复杂，并将使食品价格显著上升。

这些解决方案要用到一种名为"时间－温度指示器"（Time-Temperature Indicator，TTI）的设备。在我们研究降解和变性现象时，必须始终将"时间"和"温度"两种因素一起考虑。比如，烤肉可以高温短时间烹饪，也可以低温长时间烹饪。以备受欢迎的意式手撕猪肉为例，3 千克猪肩肉需要在 60℃ 至 80℃ 的温度下烹制 18 小时以上，但如果将烤箱温度设置在 200℃ 左右，则烹饪时间只需要 2 小时。当然，烹

---

① 热历史，指材料经历的温度变化的历程。

饪不能只考虑时间，两种烹饪方式最后得到的烤肉口感可以说完全不同，我自己从来不用第二种方式做手撕猪肉。但借助这个例子我们可以理解"累积量"的概念，长时间低温加热或短时间高温加热都对食物和其他任何易腐败物品的保存有显著影响。

时间 – 温度指示器可以用于监测物品的累积受热量，它可以给出时间和温度两个变量综合作用影响的直观信号。目前，这种设备已经有多种精细的应用方案，通常用于监测药品（如疫苗）等物品的保存。在意大利，法律明确规定疫苗从生产到使用的热历史必须有全程记录。当然，疫苗价值较高，有的甚至高达数百欧元一支，因此时间 – 温度指示器的应用是可以实现的，但对于价值低于几欧元的商品，此类设备的应用还不能普及。

监测时间和温度综合影响最常见的解决方案，是利用容易量化（如特征颜色的变化和发展）的化学反应，其动力学（速度）应当与相关产品的降解相似。

图 9 展示了一个简单的食品监测标签，其原理是利用扩散过程。当开始使用时，操作者在标签的一侧用力按压，打破含有墨水的储液器，这时墨水开始向另一侧的多孔材料扩散。由于墨水的扩散速度与时间和温度的关系可量化且可重复，因此墨水扩散的速度可以用于指示热能的累积量。这种监测标签市场价格约为一个一美元，但其食品安全性较低。

另一项相当流行的技术则利用了光致变色镜片的原理。光致变色镜片与普通镜片由相同的材料（通常是一种叫作聚碳酸酯的特殊塑料）制成，形状也相同，因此具有相同的视力矫正能力。然而，在安装到眼镜框上之前，镜片会被浸泡在特殊的有机化合物混合溶液中。这些有机化合物具有特殊的性质，当暴露在室内照明灯的人工光线下时，呈现为无色或略带黄色的固体；然而，暴露在紫外线辐射下（如太阳光）时，它或多或少地呈现从橙色到深蓝色的一系列颜色，具体取决于其组成成分。这些有机化合物混合使用时，一般会调和其颜色，从而使镜片在经受紫外线照射后可以从无色过渡到棕色或灰色。

图 9 具有时间 – 温度指示器功能的智能标签

经常在严寒区域佩戴光致变色眼镜的读者应该知道，镜片从有色状态变回无色状态的速度在很大程度上取决于温度。在夏天，一旦离开阳光直射区域，镜片几秒钟就可以恢复到无色状态，而在冬天，则可能需要几分钟。换句话说，任何光致变色镜片都可以充当时间 – 温度指示器。

当然，使用光致变色镜片作为时间 – 温度指示器是完全没有必要的，我们可以用含有光致变色化合物的透明塑料制成薄膜。这些薄膜暴露在紫外线辐射下时开始变色，颜色的恢复可以指示温度和时间的综合影响。这种指示器制作起来非常简单，但也很容易伪造结果，因为薄膜只要重新暴露在紫外线辐射下就会恢复初始颜色，从而消除热历史记录。另一种指示器与检测溶液 pH 的石蕊试纸相类似，其原理基于涉及 pH 变化的酶促反应，这种变化在有 pH 指示剂的情况下能被明显观察到。

可打印和可食用的电子产品

无论是光致变色指示器还是酶促反应原理指示器，以及更复杂的基于扩散过程的指示器，实际上都不适合用于监测冷链运输过程，也不能用于制作提高食品可追溯性的智能标签。在大多数情况下，上述设备的成本远远超过要监测的商品本身的价值，因此，在没有明确法律义务的情况下，一般不会对商品热历史进行跟踪，而是在销售时，根据物品整体保存状态对其运输和贮存条件进行必要的检查和评估。理想情况下，市场需要的是为每一种易腐败变质的食品或药品配备一个单独的、成本低廉的设备，甚至可以完全集成到商品包装上；从本质上讲，市场的需求也正在推动可以直接印在食品上的电子设备的开发，这些设备本身是可食用的，因而不必从食品上取下，此外还具有多种其他功能，如可远程查询等。

　　一旦这种技术成熟，其用途将会远远超出食品溯源或冷链状况监测的范围。可食用电子产品的一个极具潜力的应用领域是即时医疗诊断。传统的医疗诊断往往需要用到昂贵的大型医疗设备，因而患者需要前往医院或医疗中心就诊；而即时诊断技术的关键和创新点在于将诊断方法直接带给患者，从而缩短诊断和治疗之间延误的时间，并显著降低诊断成本。随着芯片实验室（Lab on a chip）这种小型便携式设备的快速发展，即时诊断将成为可能。实际上，目前已经可以利用其实现快速对患者进行某些领域的复杂诊断。需要说明的是，这种技术还只适用于对患者某种体液进行微量分析，并不是一种通用的方法。可食用电子产品可以将实验室已经实现的功能集成到芯片上，除了对样本进行化学分析，还可以记录人体内部有关信息，但这些信息往往需要在医院等专业机构进行读取。这里需要注意的是，某种电子设备是可食用的并不意味着它也是可消化的。目前，市场上的可食用电子设备（图 10）使用的电子元件与手机等普通便携式电子设备相同，但其外部涂层可以防止内部组件与人体直接接触从而导致中毒或局部伤害。图

10 所示的设备可以测量某个部位的 pH 或某种物质的浓度等参数，可以接收无线传输的信号并以特定方式释放药物，还可以在其他器械无法进入的区间（如肠环）进行简单检测。这些"可食用潜水艇"会穿过人体消化道，执行预定任务，并在使用结束后随粪便排出。在某种程度上，有点类似理查德·弗莱舍[①]1966 年导演的电影《神奇旅程》中幻想的小型宇宙飞船。当然，胶囊里装的不是拉蔻儿·薇芝[②]，而是微型电子回路。从设备的复杂功能和小型化程度不难推断出这些设备价格不菲。

图 10　可食用医疗诊断设备示例——PillCam 内窥镜，它可以将口腔和肠道的图像发送到外部接收器

资料来源：medtronic.com

除了可食用电子设备，科学家还设想了可消化的电子设备。这种电子设备的组件与人体接触是安全的，在功能结束后，可能被分解成糖分或者以与植物纤维相同的方式被人体消化。

可消化电子设备使用的材料与可食用电子设备不同。首

---

① 理查德·弗莱舍（Richard Fleischer，1916—2006），美国导演、制片人、编剧。

② 拉蔻儿·薇芝（Raquel Welch，1940—2023），美国演员，《神奇旅程》女主角。

先，这些成分必须能够与现有的药品或食物相结合，并且能够应用于弯曲或者粗糙的物体表面（如药丸外壳或水果表皮）。此外，考虑到即使这项技术成熟，其可提供的功能也较少，因此也需要较低的使用成本以保证实用性。在功能方面，这些设备必须在不受控制的环境条件下，即有水分和氧气的情况下，能够运行良好；在进入人体消化道后，它们必须在存在水分且具有强酸性的条件下仍能发挥作用。最后，所有制造材料必须是完全无毒无害的，并且是可生物降解的。

这种设备已经不再是遥远的幻想，有关期刊已经有文章介绍研制出的第一代原型，它具有上面讨论的这些特性，其原理利用了第一章中讨论的有机半导体，以及一个美容技巧——文身转印。

给水果文身

电子设备的类型多种多样，其功能也是五花八门，使用的原材料基本可分为三类，即金属材料、活性半导体材料和绝缘材料。可食用电子设备的制造要用到的同样也是这些材料，但还必须具有生物相容性①。

绝缘材料不是问题，基本上所有的食物和药品的原材料都

---

① 生物相容性，指材料在生物体内处于动态变化过程中，能耐受宿主各系统作用而保持相对稳定，不被排斥和破坏的生物学特性，又称为生物适应性和生物可接受性。

是绝缘的，可供选择的种类很多。半导体是设备的核心，其选择必须兼顾功能性和对人体的无毒害性。尽管这类电子设备用到的活性材料数量非常少，每个设备只需要四百万分之一克的半导体，即使人们直接服用相等数量的毒药也不会造成危害，但为了确保安全，最好还是使用完全无毒的材料。

从人体安全的角度出发，最简单的方案就是选择使用天然化合物制作的有机半导体。正如我们在第一章中提到的，有机半导体的主要特征在于它是一种多不饱和的共轭材料。半导体之所以能用于晶体管和太阳能电池，就是因为它具有这两个特性。很多天然化合物都是不饱和且共轭的，而且很多是有色的。图 11 中所示的胡萝卜素和番茄红素就是纯有机、高度共轭半导体的两个很好的实例。即使是不太熟悉化学结构的读者，通过对比，也能很容易看出这些天然色素和有机半导体的前身——聚乙炔的相似之处（见第一章）。天然色素有很多种类，这类物质不仅为自然界增添色彩，受光照射时还会发生特定反应。其他常见的天然色素还有叶绿素（植物光合作用的主要参与者）和花青素（茄子和紫甘蓝的紫色的来源）等。

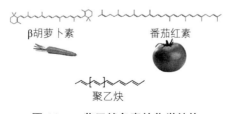

β胡萝卜素　　番茄红素

聚乙炔

图 11　一些天然色素的化学结构

就金属导体而言，最适合的选择是金属银。与其他具有足够导电特性的重金属不同，银无论是以盐的形式还是以胶体银的形式存在时都是无毒的。胶体银指的是金属银微粒悬浮于水中形成胶体的状态，我们将在第七章更详细地讨论这种类型的材料。有人认为胶体银在人体局部应用时（即直接涂抹在皮肤上）具有抗菌功效。在古代医学和近代医学研究中，一直有种观点是人体摄入（食用或注射）银溶液具有治疗效果。可惜的是，目前没有任何临床数据能够证明这些观点。另外，有一种临床病症——"银质沉着症"（argyria）是摄入过量胶体银或银盐引起的，致病摄入量比可食用装置含银的量多几百倍，且长期摄入。患有银质沉着症的人（有记录的病例非常少），由于银微粒（实际上是纳米晶体）在皮肤中沉积，会导致皮肤呈蓝灰色。

电子元件用于制造可食用设备已经不再是问题，但制造技术仍然限制了可食用设备的发展。这一问题的解决多亏了现代印刷技术和文身转印技术。现代印刷技术已经在第一章中介绍过。让我们来看一下文身转印技术，它可以利用无毒材料将印刷好的图像转移到平整、均匀的表面上。年轻人或许更熟悉应用这种技术制作的半永久文身贴。当我们在皮肤上转印文身时，要转印的图像被一层薄薄的可溶性淀粉膜覆盖。这层膜薄而透明，具有温和的黏性。当文身贴纸遇到水时，这层淀粉层膜开始溶解，使图案贴合在皮肤上。同时，将图案固定在纤维素制作的基底纸上的另一层淀粉也会溶解，从而使图案从基底纸上完全脱落。

意大利技术研究院（Istituto Italiano di Tecnologia，IIT）的研究员利用这种方法成功将晶体管转印到草莓上。他们首先在商用文身纸上打印晶体管，方法与打印非食用电子设备的电路相同，不同之处在于改变了油墨种类和印刷媒介。图 12 展示了使用这种技术给草莓制作的"电子文身"，晶体管完美地贴合草莓的表皮，并保留了它打印在基底纸上时的电气特性。由于在印刷晶体管和将其转移到草莓表面的过程中使用的所有部件都具有完美的生物相容性，因此文身丝毫不会影响草莓的食用性，当然，也不影响其口感。

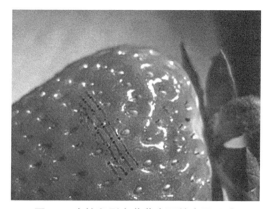

图 12　直接印刷在草莓表面的电子回路

当然，这种技术仍处于起步阶段，但有很大的发展潜力，其最直接的应用就是制作智能标签，可以写入有关食品可追溯性的所有信息。此外，它在医学上的应用还有待探索，其中潜藏着无尽的可能性。

为什么我们需要区分未来主义和科幻小说？

这里有必要提醒一下，目前，无论何种便携式电子设备，无论是否可食用，其功能都不可能与设备完善的医学实验室相比拟。这一领域的研究正在逐渐发展，虽然尚未成熟，但其所提供的即时医疗（Point of Care）已成为综合诊断中非常有价值的辅助工具。这方面，美国创新公司 Theranos 的例子可能对大家会有所启发。关注这一领域的读者可能知道，这或许是近代最严重的一场披着科学外衣的骗局。Theranos 公司由时年 19 岁的伊丽莎白·霍姆斯于 2003 年创立，她号称自己可以发明一种便携式设备，只需要采集几滴血（只是常规检测采血量的数百分之一），就可以进行上百种血液指标的检测。这是对"芯片实验室"技术所能及范围的极端和不切实际的幻想。在接下来的十年中，Theranos 通过系统地伪造数据，筹集了超过 7 亿美元的资金，其中大部分来自私人。2017 年至 2018 年，该公司启动解散程序，耗光了所筹集的所有投资。相关的欺诈和伪造公司数据的诉讼仍在审理中[①]，这一丑闻给美国私人医学研究在很多方面蒙上了浓厚的阴影。

---

① 据有关报道，Theranos 公司欺诈案已于 2022 年 11 月 18 日宣判，圣何塞法院判处伊丽莎白·霍姆斯因欺诈罪被判处监禁 11 年零 3 个月，刑满出狱后还将接受为期 3 年的监外看管，此外并处经济处罚。

第六章

视觉和味觉：烹饪中的材料设计

你愿意尝一尝看起来像牛排的蚂蚁肉饼吗？

视觉是烹饪不可或缺的要素

在电视上看烹饪节目时，看到训练有素的厨师那些看似简单但严谨的操作，一定会被其中的仪式感、精确性和烹饪美学深深震撼。味道不是烹饪的全部，厨师专注于通过复杂的操作带给顾客更丰富的用餐体验。摆盘不仅体现了厨师的审美，更重要的是，在什么时间和温度下咀嚼、品尝什么样的食材，都经过厨师精心考虑，以期给客人带来最佳体验。这个过程需要充分考虑各种食材的化学和物理特性，从这个角度来说，烹饪的过程也是材料处理的过程，只不过我们面对的是可食用材料。

提到食材，我们对某种特定材料作为食物的接受程度常常取决于它呈现给我们的外观是否符合我们的审美。视觉往往比嗅觉更能调动我们的味觉体验。某些闻起来气味古怪的食物，比如松露，吃起来却很美味，这种情况并不少见，这正是视觉上的吸引促使我们去品尝那些原本并不感兴趣的食物。

　　当然，相反的情况也是存在的。实际上，世界各地的人们对食材范畴的认知并不是一致的。

各种文化的饮食模式都是可持续的吗？

　　对比欧洲人和亚洲人对"食材"的定义，我们会发现前者比后者范围小得多。举例来说，东方人不会因为昆虫的外形而拒绝它，而是从成分的角度出发，将其视作营养丰富的食材，这确实也没错。

　　一般来说，不管是欧洲人还是美洲人，西方文化中绝不会因为昆虫是优质蛋白质来源而将其视作食材。尽管多年来，西方饮食结构中动物蛋白的消耗呈显著下降趋势，但肉类和鱼类仍然是人们饮食结构的基本组成部分，这一点并未改变。从营养学角度出发，无论是支持或者反对红肉或白肉的摄入，都可以找到支撑其观点的论据，但公认的是，均衡的饮食结构中不能缺少蛋白质，尤其是动物蛋白，如果摄入不足，就必须服用膳食补充剂补足。昆虫实际上是比肉类或鱼类更具有可持续性的蛋白质来源。一方面，众所周知，海洋中可供捕捞的鱼类数量和质量在不断下降；另一方面，如果增加肉类供应，则必须提升规模化农牧业效率，在这一点上，舆论关于动物福利、农场空间和废物处理的争论越发激烈。此外，近年来，人们愈加意识到，制约畜牧养殖可持续性的关键，在于养殖过程中哺乳动物的消化过程会通过微生物作用产生大量甲烷，且动物粪便的分解会产生大量氧化亚氮。也许读者朋友们会觉得有些可笑，但事实上，甲烷已被证实是引发气候变化的主要温室气体之一，而且每年排放到大气中的甲烷大部分由畜牧业养殖动物的消化过程产生。抽象地来讲，哺乳动物可以看作效率极低的转换器。它们能将青草、蔬菜转化为肉类、牛奶和脂肪，但这要以消耗大量的水和排放大量温室气体为代价。相比之下，昆虫是更高效的植物加工者，它们体内的蛋白质与哺乳动物的肉中所含的蛋白质相似，但消耗的水要少得多，而且只产生极少量的温室气体。考虑到全球人口持续增长的现状，也许我们面临的问题并不是昆虫是否会取代肉类成为我们饮食结构中蛋白质的来源，而是这种转变何时会发生。

请问需要我为您打印晚餐吗？

文化因素是一个人改变饮食习惯的障碍之一。好在，即使昆虫将成为我们饮食结构中的基本组成部分，这也不意味着我们必须得强迫自己吃蚂蚁沙拉或者油炸蚂蚱。增材制造，或者说三维打印技术，能在我们将饮食结构向更可持续的模式过渡的同时，让食材在审美上变得可以接受。

在介绍什么是增材制造之前，让我先介绍一下更容易理解的减材制造。传说，米开朗琪罗在第一次看到用来雕刻《大卫》的大理石块时，曾说过他从石材的自然肌理中隐约看到了人物轮廓。没错，他想要雕刻的人物形象就隐藏在大理石中。经过漫长而细致的雕琢，去除所有多余的大理石，《大卫》诞生了。当然，只有米开朗琪罗这样的大师才能凭借双手将无名的石块变成不朽的杰作。这就是减材制造的含义，即以挖凿、切削、折叠、抛光等方式加工材料，从而将材料处理成特定形状的技术。

增材制造则不会浪费任何材料，因为制造过程用到的就是所需要的所有材料。我们都知道，很多技术发明都源于自然界，增材制造也不例外。蜘蛛是自然界中的增材制造大师：蜘蛛织网时，直接从腹部的纺织器中挤出所需的材料，这些材料会迅速固化从而使蛛网成形。

三维打印机工作的原理与蜘蛛织网非常相似。简单来说，三维打印机由加热模块、喷头和计算机操控的喷头定位系统三部分组成。加热模块中可以加入特定的塑料材料（有的装置也可以加入金属前体），材料被加热并软化（见第一章）后，液态聚合物通过具有特定形状和直径的喷头喷出，形成极细的线（可以类比蜘蛛吐丝），由于加热装置内外温差极大，液态聚合物喷出后会迅速凝固。与喷头相连的计算机中储存了需要制造的物品的所有信息，并在此基础上操控喷头的移动，其间需要特别注意的是，控制喷头在三维空间移动的速度要与材料的凝固速度相适应。

制造业迅速意识到三维打印技术相对于传统制造方法拥有众多优势。首先，生产过程中没有材料浪费，因为喷头喷出的材料就是制造所需物品的所有材料。其次，三维打印机几乎可以制造任何形状的物品，因此并不需要给每个产品研发专门的生产机器。从原型设计的角度来看，三维打印技术的应用可以显著提升供应链的运作速度。制造过程不再局限于单一材料的使用，存放原材料的加热器中可以加入不同材料，即使材料质地非常黏稠也不影响使用，这是因为打印机喷头处的装置类似研磨机和注射器的综合体，能够将不同的成分混合在一起，并控制其温度。最后提到的这个特点在生产应用中非常重要，因为这使三维打印机可以直接合成热固性材料（请参考第一章中的定义）用于打印。

随着增材制造技术的成熟，如航空航天、医学（假肢的制作）、机器人和设计等许多领域正在发生革命性的变化。

除了在这些明显受到影响的领域，增材制造还有一个不那么容易让人联想到，但也极具突破性的应用，即食品的三维打印。

2006 年，美国国家航空航天局（NASA）的一个项目最早提出使用三维打印技术制造食品的想法，这一项目旨在解决航天员在太空旅行时的饮食问题。提到航天员的食品，大众对此最常见的印象可能是类似牙膏的彩色糊状物，而喜爱科幻小说的读者们可能会立刻想起《2001：太空漫游》中飞船中分发的盛在碟子中的各种不同颜色的糊状物。太空航行中，每一克重量都需要经过精心计算和周密考虑，没有人会理所应当地认为在这种情况下，航天员可以吃到牛排或意大利面，更不用说还需要考虑到微重力或者无重力的环境。总之，航天飞船和空间站提供的食物只出于纯粹的功能性，即能够提供人体必需的营养物质，而又尽可能少地产生消化废物。

对于航天员来说，虽然这种饮食方式在短时间内是可以接受的，但在缺乏行动自由和重力的情况下，让情绪高度紧张的航天员长期服用膏体营养剂是非常不人道的。设想一下，载人火星旅行的单程所需时间约为 7 个月，而在抵达之后航天员要在火星表面停留约 1 个月，那么火星旅行总时间将为约 15 个月。如此漫长的时间里不能好好吃饭，对于一个人来说是非常痛苦的体验。

美国国家航空航天局认识到，进食不仅仅是基础生理需求，更是心理需要，尤其是在心理极度紧张的情况下。因此，美国国家航空航天局资助了一项关于航空食品的研究，意在探讨是否能将一些高热量的成分和适当的调料混合，并利用三维打印技术将其打印成航天员喜爱的食品的形状。诞生在现代快餐发源地的美国，该研究的第一个目标是三维打印披萨饼。这一项目已经取得了一定成果，并在 2013 年获得了开展下一阶段研究的资金支持。

尽管和《星际迷航》系列影视作品中神奇的"食物复制机"相去甚远，但原型机的诞生证明了这一概念并不荒诞，反而极具商业应用价值。这一技术在餐饮行业的应用场景显然是创意烹饪，充分体现烹饪和设计的融合。所有的研发人员都认为，三维打印食品具有极大潜力。而在被问及消费者是否愿意尝试打印出的食品时，研发人员强调，从成分上看，打印的食品在本质上和所有工业加工食品相似，但消费者无法决定工业加工食品的成分；而通过三维打印技术，我们可以自由选择食材，并将其打印成想要的形状，获得专属于自己的加工食品。此外，这一技术已经有实际应用，借助可以监测人体摄入热量需求的智能手表，以及建议摄入哪些成分和食材的软件，我们可以在能量摄入和饮食喜好之间达成平衡。

而对于有特殊饮食需求的人，如病患和对某些成分严重过敏或不耐受的人群来说，将食物制作成意想不到的形状和质地也会对他们有很大帮助。临床实践表明，对不太喜欢蔬菜的小朋友来说，如果把蔬菜制作成小恐龙等有趣的形状，小朋友会更愿意吃。

与服用营养补充剂相比，将不常见的食材制成不同的外观可能会更好。正如前文提到的，在西方文化中，食品加工制作过程存在广泛的浪费，从而影响可持续性发展。实际上，从成分上来看，被丢弃或回收的食材边角料不存在任何质量问题，只是不符合消费者对食材的审美标准。在这方面，预处理食材边角料，将其塑造成消费者能够接受的美观的形状，将会有利于减少市场对集约化养殖肉类的需要。

当然，三维打印的应用也使昆虫粉有机会走上人们的餐桌。科学家在这方面已经做了很多研究，最新研究成果表明，添加昆虫粉的饼干比纯面粉制成的饼干具有更好的口感和更高的营养价值。即使有人认为绝不能接受昆虫成为食材，但我们真的需要尝试一下，而三维打印将会对此非常有帮助。

光子厨师

到目前为止，所有讨论只提及了将不同成分混合并将其制作成更美观、更易于入口的形状的可能性。接下来，让我们一起看一下烹饪过程。我们已经知道，热塑性聚合物可以在软化后注入三维打印机的喷头，然后制造成各种物品，因为聚合物一旦被喷出，就会逐渐固化，恢复其原有的硬度。但这显然不适用于处理生鲜食材，室温下将液态食材喷出，它并不会自动凝固。

这一领域的研究正朝着"即时加热"的方向发展，原理是使用不同的激光近距离加热三维打印机喷头喷出的食材。目前用的主要是两种激光，一种是能够均匀烹饪食材的红外激光，另一种是用于烹饪食材表层的蓝色激光，这种激光可以用于烹饪非全熟的食物。这两种激光的效果不同，原理在于生物材料，如肉类、蔬菜等，对不同光辐射的折射率不同。如果我们把手放在白色强光源上，透出的光线会呈红色，但这不是因为血液是红色的，而是因为我们的手更有效地吸收了可见光中的蓝色光，因此只有红色光透过了我们的手。

如果用红外激光照射牛排，入射辐射穿透牛肉，从而使牛排均匀受热。而如果使用蓝色激光，则光只能进入牛排表面几毫米的深度，因而只能加热牛排的外层。

我们都知道，激光是一束高强度、指向性良好的光，因此很容易聚焦在三维打印机喷头喷出的材料上。通过激光加热技术，我们可以同时处理、打印和加热食物。虽然听起来像是科幻小说中才有的技术，但实际上，这里用到的激光和用于制造激光唱片（红外激光）和蓝光影碟（蓝色激光）的激光没有太大区别。离我们最近的烹饪技术的革命性发展是微波炉的诞生，那已经是 20 世纪 70 年代时的事情了。微波炉刚问世时，也受到了消费者的抵制，因为人们无法理解这种新式"烤箱"是怎么在不发热的情况下加热食物的。但在今天，微波炉已经成为我们厨房中最常用的电器之一，食品加工业还开发了无数种微波炉专用的食品包装。现在，我们也许应该做好准备，迎接新的烹饪革命了。

当材料科学遇到食材：巧克力拥有了独特口感

有一种食物总是能给人带来愉悦和满足，那就是巧克力。尤其是黑巧克力，只要一提到它，人们似乎就能闻到那种丰富而浓郁的特殊香气。巧克力也是一种迷人的材料，黑色的表面光滑而有光泽，手指轻轻抚过时，给人以丝绒般的触感。而当我们掰碎巧克力片时，那声音嘶哑而干脆，听起来很柔和，但在远处就能感受到。除了美妙的气味，它也给人的味蕾带来享受。高品质的巧克力拿在手上并不会使手沾上油脂，然而，正是这些看上去坚硬而光滑的巧克力，一旦放在口中，就在舌尖融化，并将味道扩散到所有味蕾。这时，你会发现自己陷入了美妙的两难抉择中：是享受巧克力在舌尖慢慢融化的快乐，还是用力嚼碎它好欣赏那清脆的声音呢？最后所有的巧克力碎片都会融化在口中，给人完美的感官享受。而能带来如此丰富的感官体验的巧克力，正是材料科学的杰作。

从材料学角度来看，巧克力是一种复合材料，是由不同成分组成的材料。我们知道，各种成分不能完全混合在一起，就像油和醋。巧克力最主要的成分是可可脂，是多种天然脂肪的混合物。分散在可可脂基质中的是微小的蔗糖晶体，就是我们日常生活中给饮料增加甜度的糖。蔗糖的化学特性决定了它不能和可可脂融合在一起，糖和可可脂如果完全溶解，会相互分离。巧克力中的糖和可可脂得以均匀混合在一起是多亏了卵磷脂，这是食品中常见的配料，它可以包裹糖晶体，从而使其与可可脂稳定混合，专业点讲就是，它起到的是分散剂和乳化剂的作用。这个原理的另一个应用我们每天都能见到，即在洗碗时用洗涤剂将油脂溶解在水中的过程。批量生产的加工食品中用到的巧克力和专业甜点师用于制作糕点的巧克力之间存在很大区别，不仅在于原料质量不同，真正的秘密还在于材料科学所谓的"同质多晶"现象。

在第一章中，我们了解了塑料的物理特性是与组成塑料的多链聚合球的无序性相关联的。可可脂与塑料不同，它不属于无定形材料，而是一种晶体材料，材料中的分子在空间中以有序的方式排列，形成规律的几何结构。想象一下蜂巢的结构，其中每个蜂室都呈精确的六边形按照规律排列。在晶体材料中，很多晶体中的原子都有明确的空间排布规律，比如食盐（氯化钠），其晶体结构的特点是氯原子和钠原子在空间上有规律地排列，呈立方体结构。

但有的晶体材料在特定的环境温度、压力等条件下，内部多种晶体结构（称为晶体的"相"）共存，我们称这种状态为多晶态。举例来说，钻石和石墨（铅笔笔芯的材料）都是碳的结晶形式，这两种物质都由碳原子组成。在钻石中的晶体结构中，每个碳原子都位于一个四面体的中心，这个四面体可以看作钻石晶体的三维晶格；而在石墨中，每个碳原子都是一个平面六边形的顶点，每层平面都具有极高的结构稳定性，多层平面六边形以等距离层层叠放。观察这两种几何结构，很容易理解为什么钻石是人类发现的最坚硬的材料，而当用铅笔在纸上划过时，笔芯很容易就磨损了——因为四面体结构十分稳固，而多层平面六边形之间很容易发生滑动，导致碳脱离。

与碳元素相比，可可脂共有 6 种多晶型体，但它们之间的结构差异没有那么突出，而且都可以在接近室温的温度下获得。爱好烘焙的读者应该都会有这种经验，一旦将融化后的黑巧克力放进冰箱使其再次凝固变硬后，不管原本巧克力的品质量如何，冷藏后的巧克力都会变得没有光泽、更易碎也更容易融化，原本可以拿在手里的巧克力，现在手一碰就开始变软。更糟糕的是，由于纯可可脂的分离，巧克力表面会发皱，甚至凝结出一层白霜。

这里的问题在于，优质巧克力中的可可脂并不是最稳定的多晶型体，而是只在特定时间和温度下稳定存在（材料学中称为亚稳态）的 β_2 相。巧克力受热融化而后冷藏凝固的过程中，β_2 相首先转变为 γ 相，而后又转变为更稳定的 α 相。这些多晶型体之间的主要区别是融化温度不同。可可脂口感最佳的 β_2 相在 32 ~ 34℃ 时融化，这一温度略低于我们口腔内的温度，但高于室温和我们手的温度。此外，β_2 相的可可脂具有前文提到的美丽光泽和恰到好处的硬度。相比之下，γ 相的熔点为 16 ~ 18℃，但这种状态持续的时间很短，因为 γ 相会自发地演变为 α 相或另一种 β_2' 相，两者的熔点都在 24℃ 左右。

我们会发现，巧克力烘焙大师不仅在制作巧克力块时能获得纯 β_2 相，在使用裱花袋进行装饰时也可以挤出完美的巧克力，就像三维打印机的喷头一样精准。巧克力大师制备亚稳态可可脂的过程被称为巧克力的"回火"，这一过程非常有价值，它说明为了最大限度发挥材料的价值，仅仅在正确的温度和正确的制造技术下加工材料是不够的，完整的热历史决定了材料的最终性能。

让我们一起看一下回火是怎样进行的。经验丰富的烘焙师会将巧克力加热到高于上述相的熔点的温度，一般为 60℃ 左右，然后再进行处理。当液态巧克力被冷却到 α 和 β_2' 相的小晶体开始形成的温度，即约 24 ~ 26℃ 时，将巧克力铺在工作台（通常是大理石台面）上反复刮平。这一处理可以达到两个效果，一方面可以使已经形成的小晶体均匀分布和排列，另一方面可以散去巧克力分子结晶时释放的多余热量（这个过程被称为"潜热释放"，冶金学中也称为"再结晶"）。之后，再次以可控的方式加热巧克力，加热温度取决于可可脂的量，以便于形成最完美、最小且分布均匀的 β_2 相晶体，即在最高温度下稳定的晶体。最后，在缓慢冷却的过程中，巧克力将围绕晶体完全结晶，一块高品质的巧克力就做好了。在工业生产中，这一过程是由能够同时控制巧克力在不同阶段吸收和释放的热量，并监测着巧克力黏稠度的仪器完成的。令人惊讶的是，烘焙大师只需要一个加热锅、一块大理石板、一把刮刀以及丰富的经验和无限的热情就可以达到比机器更好的效果。我们都知道，经验、激情和仪式感也是钢铁冶炼史上光辉的主角，巧克力和钢铁看似毫不相关，但它们的诞生却具有诸多相似之处。

第七章

对未来材料的设想

在哪里？用什么？为什么？

材料和能源可持续供应危机

近些年，各种组织、机构发布的未来五十年人类必须面对的十大严重危机清单越来越多。不同的清单上罗列出的重大危机也有所不同，但有几个风险点总是排在前列：全球变暖、环境污染、政治动荡、大规模移民、人工智能以及基因编辑的失控。

这些危机中，除了最后两个与本书的主题关联性不强，其他都涉及能源问题。全球变暖是大气中积累的温室气体过多而引起的，而这主要是因为交通运输和发电消耗了大量化石能源。导致环境污染的原因有很多，能源是其中一个关联密切的因素。也许有人认为移民是一种自发的行为，但恰恰相反，政治动荡以及很多地区变得越来越不适合居住等因素，迫使大量人口出于生计不得不选择移民。而政治动荡和某些地区越来越差的生存环境，往往正是由各国对资源的争夺以及社会不可持续发展引起的气候变化导致的。毫无疑问，能源危机是人类面临的根本问题之一。文明的发展进步离不开能源，面对全球能源需求的不断上升，制定可持续发展战略的关键并不是寻求遏制全球能源消耗，而是寻找和发展对环境影响更小的新能源，保护好全人类共有的地球。

在探讨材料学对解决能源问题的贡献之前，我们首先要了解有关能量的一些基本概念。能量有多种存在形式。以点燃木柴生火取暖为例，在这个过程中，木柴中储存的能量被释放，化学能被转化为光能（火发出的光）和热能（使人感受到温暖的热量）。如果我们利用热量来烧开水，由此产生的水蒸气可以用于驱动涡轮机，而涡轮机的运动又可以转化为电能。电能可以为电器供能，或者我们也可以用蓄电池储存电能，再将其转化成不同形式的化学能。不同形式的能量之间可以相互转化，但它们的可利用性不同。木材中储存的化学能比起燃烧时释放的热能更有用，因为木材便于大量储存和使用，而热能和光能一旦产生就会很快消散在环境中。当前，社会使用最多、最普遍的能源形式毫无疑问是电能，热能、光能等其他能量形式都可以在需要时利用电能获得。下面，我们将主要讨论电能的生产、储存和可持续利用。

还记得本书前言介绍的照片吗？前文曾经提到，这颗星球代表了我们可用的所有资源，从材料的角度来看，这样讲没有问题，但从能源的角度来看，并不完全如此。实际上，到目前为止，人类可利用的最丰富的能源并不在地球上，而是来自太空，即阳光——太阳每小时辐射到地球的能量相当于人类社会每年的总发电量。严格来讲，阳光并不是用之不竭的能源，太阳是恒星，本质上相当于一个巨型的核聚变反应堆。一旦燃料用尽，太阳就会停止发光发热。不过，太阳的生命周期极长，涉及的时间尺度比地球生物的生命周期要长几个数量级。在太阳能的利用方面，目前的光电设备（即将光能转化为电能的设备）效率并不高，普遍应用的技术的转换效率仅在 20% 左右。虽然有一些太阳能电池的转换效率能达到约 45%，但由于其生产成本高昂，难以得到大规模应用。

此外，制约太阳能开发利用的一大障碍在于，照射在地球的阳光覆盖面积极大，但在单位面积的分布极其稀薄，更糟糕的是，阳光照射的时间和区域不是恒定的，云层的移动、季节的周期性变化、日夜交替、纬度高低等因素，都会影响单位面积的地面受到光照的时长和强度。

与太阳能相比，储存在石油、煤炭中的化学能要集中得多，因此化石燃料的开发利用更便利、稳定。这就是一个中等规模的火力发电厂在单位时间内的发电量远远超过同等规模的光伏发电厂的原因。这也解释了，为什么尽管过去十年欧洲的光伏板装机量显著增加，但光伏发电量仍然仅占总发电量的 5% 左右。当然，化石燃料的形成和阳光之间也有着密切的联系。

如果窗户变成了光伏板会怎样？

意大利的里雅斯特的化学家贾科莫·恰米奇安 [①] 被誉为"现代光化学之父"，他最早提出了化石能源实际上是太阳能特别集中的一种形式。他于 1912 年在纽约发表的演讲《光化学的未来》曾引发热议，其内容直到今天仍然具有现实意义，只不过当时使用的化石能源是煤炭，而今天我们更多地关注石油。演讲中，他这样说道："现代文明诞生在煤炭之上，煤炭为人类文明的发展提供了最集中的太阳能。经过多个世纪的积累，现代人类学会使用这种能源，并越发贪婪地挥霍，以为自己征服了世界。就像神话中的莱茵河黄金 [②] 一样，谁拥有煤矿，谁就拥有了权力和财富。但是，虽然地球上蕴藏着巨量的煤炭矿藏，但它们并不是取之不尽、用之不竭的。"

大家都知道，植物的生长离不开光照。通过复杂而高效的化学过程，植物可以将吸收的光辐射和二氧化碳转化为化学能并储存在碳水化合物中，这个过程被称为叶绿素的光合作用。

---

① 贾科莫·恰米奇安（Giacomo Ciamician，1857—1922），意大利化学家，最早进行光化学反应研究者之一。

② 《莱茵的黄金》是瓦格纳的四联神话歌剧《尼伯龙根的指环》的第一部。相传，在德国莱茵河流过的尼伯龙根，在莱茵河底，住着三位莱茵的仙女，她们日夜守卫着河底的一块岩石，岩石之上镶嵌着一块具有魔力的金子，据说使用这块黄金制成指环的人可以统治世界，但将失去爱情。尼伯龙根族的侏儒阿尔贝里希求爱不得，遭到了她们的嘲笑和鄙薄。恼羞成怒的阿尔贝里希设法抢走了黄金。

而当植物被埋藏在地下时，经过漫长的脱水过程和地质条件变化，植物就会缓慢转化为煤炭和石油。因此我们可以说，化石能源是经过数百万年积累形成的高度集中的太阳能。或许与人们的直觉相反，化石燃料实际上是可再生能源，因为经过漫长的时间后，矿藏是可以重新产生的。但化石燃料的开发利用对现在的我们来说是不可持续的，因为重新产生矿藏所需的时间比我们消耗现有矿藏的时间还要长几个数量级。

目前，人类社会的发展模式无法快速摆脱对化石燃料的依赖。不过，欧盟已经开始行动，目标是在未来 30 年中，更多地开发利用太阳能等可再生能源，并使其成为主导。这就意味着，太阳能电池板的装机量必须大幅增加。越来越多的人开始关注太阳能的开发利用，目前，普及光伏面板的主要障碍在于其外形不够美观而且尺寸过大。为了尽可能减少光伏板对景观的整体影响，只好将其安装在住房和建筑的屋顶。不过，近几年大型光伏场越来越多，这些光伏板往往占用了原本的农业用地或林业用地，这就不可避免地产生了农林业的损失。

此外，20 世纪 70 年代时被提出的一项技术设想，现在又重新回到了人们的视野中，成为热门研究方向，即利用城市中随处可见的窗户安装光伏设备，用于发电。要知道，城市中窗户的总面积是非常可观的。

可以安装在窗户上的这类设备被称为发光太阳能聚光器。为了了解这种设备的工作原理，我们首先需要了解什么是全内反射。我们每个人应该都曾经直接或者通过照片看到这样的场景：清澈平静的湖面中倒映出山峰的秀美形象。通常情况下，水面映出的影子并不会像镜子那样真实，因为水是完全透明的。射入水中的光线，根据入射角不同会透过水面或被水面反射（反射的光映出了物体的影子）。如果用垂直于水面的光源发出光线，则光束会完全透射。当入射角不是直角时，即光线相对于水面倾斜射入时，则一部分光会透射，一部分光被反射。此外，存在一个特征角，即光线以特定角度射入水面时，会被完全反射，这个角被称为全反射角，其大小取决于界面材料（即空气和水）的性质和入射光的类型（由光的波长决定）。现在，假设我们站在湖泊的水面下向外看，基于同样的原理，只有在视线相对于水面的夹角大于全反射角时，我们才能透过水面看到外界的物体。而如果我们试图看更远处时，水面就会变成不透明的。发光太阳能聚光器正是利用了全内反射现象来捕获入射光并将其传送到聚光器末端。发光太阳能聚光器的基本结构由一块有色透明面板组成。面板的材料可以是无机玻璃或有机玻璃，但技术核心在于给面板着色的被称为发光体的物质。发光体必须是有色的，以便于吸收入射的光辐射，但同时也必须能发光，或者说，能够以颜色略微不同的其他形式的光（即光能）反射它吸收的光。这种装置的工作机制在此不再详细讨论，接下来，让我们把重点放在发光体从外部吸收能量（太阳辐射）并在板内发射能量这一过程上。实际上，照在面板上的大部分光线会不受任何影响地穿过它，这种设计是必要的，因为面板同时也是一扇窗！而那些被面板吸收并随后被反射的光线，则与前文提到的照射在湖面的光线相似，一部分光线从面板表面逃逸，其余的被反射到装置的两侧。

　　这种面板类似物理学中的平面光波导，即平面的光纤。我们都知道，光纤是由高纯度玻璃材料制成的细线，用于远距离传输光信号，也可以用于制造图 13 所示的具有奇特发光效果的光纤灯。发光太阳能聚光器起到的作用是将一部分穿过它的光偏转到它的边缘，从而使单位面积的光照强度大于入射光，达到聚光效果。如果在设备的边缘安装上标准硅基太阳能电池，就可以将光能转化为电能。电池单元一般只需要装在聚光器的外缘处，即面板和窗棂连接处，非常隐蔽，这样并不影响窗户的外观，只是改变了颜色。这样一来，就完成了集成在建筑物中的光伏转换（被称为"光伏建筑一体化"）。正如前文提

图 13　光纤灯：基于光的全内反射原理制成的灯，无论光纤如何弯曲，从光纤的一端发射的光线会全部从另一端发出

到的，这个概念的提出是在 20 世纪 70 年代，当时光伏设备及其原材料硅的价格非常昂贵，所以人们不断研发替代方法，因此发光太阳能聚光器诞生了。现在，太阳能硅电池板的价格大幅下降，一般来说只有在不能采用成熟的技术的情况下才会使用替代技术，例如光伏窗就是如此。

这项技术得以成功重启的关键在于发光纳米材料——胶体量子点的研发，这种材料的使用可以提高设备的性能和稳定性，并降低成本。

可以聚集太阳能的纳米材料

胶体量子点中的"量子"（quantum）很容易让人联想到高深的量子物理学和复杂的数学工具。在这里，我们不必讨论量子的特性，为了理解这种纳米材料的特性，我们需要了解一些相关的基本概念。

我们所处的世界的组成是分层次的。举例来说，一块刀片实际上由无数个大小只有百万分之一米的微小晶体组成。由于我们的眼睛看不清这么小的晶体，用手摸也感觉不到这种细节，所以我们会认为刀片是光滑、平整、一体的。如果我们能把金属刀片完全粉碎成构成它的微小晶体，我们就会看到材料的本质，即金属粉末。这种情况下，金属仍保留的特征是颜色：铁呈灰色，铜呈红橙色，金呈亮黄色。也就是说，虽然材料的一些外观特征会因形态不同而改变，但也有一些特征是不会发生变化的，比如金属的颜色。还有前文我们提到的孔雀石，不论是矿石还是粉末，总是呈绿色。物质的颜色是强度性质，不会因物质的多少而改变，只会有强度的不同；而物质的质量则是广延性质，会随着物质的多少发生变化。

在科学家刚开始研究纳米材料时，发现违背经验和常识的一点是，材料的一些强度性质（如颜色等）开始随着组成材料的微粒大小而改变。这里需要指出，材料学中大和小的概念是相对的，不是绝对的。与人体相比，头发的直径显得非常小，但与纳米粉末相比时却很大，1 纳米仅仅相当于 10 亿分之一米。纳米晶体的尺寸比组成金属的微晶体还要小，只是后者的 1/1000。对我们来说，这两种微粒都极其微小，但从原子的尺度来说就并非如此了。

虽然微晶体已经小到肉眼无法识别，但它相对于组成它的原子来说却是巨大的。正如第四章中提到的，晶体材料具有规律的空间结构，除了晶界上的原子，晶体中的每个原子和相邻原子的连接方式和相对空间位置都是相同的。晶界上的原子与其他位置的原子种类相同，但第一近邻原子（即晶体结构中与其直接相连的原子）数较少。

宏观类比来看，这有点像古代军队的队列。古罗马军团就是一个很好的例子。在战队中，所有士兵都排成平行的排。对于站在战队内部的士兵来说，他的前后左右都各有一个士兵。这种情况类似晶体化学中饱和度的概念，饱和指的是每个原子形成尽可能多的化学键。而对于站在战队前排的士兵来说，情况略微不同，他的左右和后方各有一个同伴，但前方没有同伴的保护。为了提升自身安全性，前排的战士会尽可能向两侧的战友靠拢，因而战队的前排阵形会变得紧凑。此外，前排的战士还会举起盾牌，以便增强防护。在晶体的晶界上，情况是相似的：表面的原子会倾向减小晶格间距以弥补饱和缺陷，并且会重新排布电子从而稳定由于近邻原子不足而形成的不饱和键。

谈到纳米材料，让我们想象一个简单的直径为 4 纳米的黄金纳米晶体，黄金晶体的原子密度约为每 0.017 立方纳米有一个金原子，也就是说，每个纳米晶体约由 2000 个（这里是为了凑成整数）原子组成。其中，约有 400 个原子是表面原子，即每 10 个原子中有 2 个是表面原子。这些原子与其他原子相比，第一近邻原子数少了一半以上。在立方体中，表面原子数和总原子数的比例相当于立方体表面积和体积的比率，在球体中，这个比率是球体半径的倒数。从纳米晶体到微晶体，半径增加 1000 倍，则表面原子数占总原子数的比例减少到 1/1000，因此，微晶体中，每 5000 个原子中只有一个表面原子。简而言之，由于表面原子占原子总数的比例过小，微晶体中的绝大多数原子都处于内部。在纳米晶体中，由于表面原子占原子总数比例较大，原子清楚地知道表面的存在，并对所处的情况作出应对，这就导致了纳米晶体光学和电学特性的变化。因此，纳米晶体越小，这种变化就越显著。

现在我们来谈谈颜色对材料微粒尺寸的依赖。首先，我们要了解的是，材料的颜色取决于材料中的电子排列的能级特征。宏观上来看，材料的颜色与其内部结构有关，包括原子类型和晶体结构。此外，晶体缺陷也会导致本来无色的矿物呈现不同的色彩，很多宝石就是这种情况。而在纳米尺度上，体积 / 表面积比率的剧烈变化导致电子能级扰动变大，且纳米晶体越小，这种扰动就越大。

正如我们所看到的，聚光器的效率是由其偏转入射光线到聚光面板从而吸收光辐射的能力所决定的。从历史上看，吸收和折射光辐射的部件是采用有机分子材料制作的，这就导致设备的效率和稳定性有限。这种方案存在的第一个问题是，由于有机材料吸收和反射的光波长相似，因此面板反射出的一部分光在到达边缘之前又会被其他有机分子吸收。此外，之后的每次反射中，部分光被引导到边缘，但部分光（入射角大于全内反射的角度）则逃离了面板。假设面板每次能将反射的光的80% 引导到窗框处，在级联吸收和发射的情况下，每次都必须计算这个百分比得出聚光效率。照在窗框附近的光，逃逸的情况不算严重，但随着入射光线与窗框距离的增加，逸散的光会越来越多。这种现象被称为"再吸收效率降低"，这也将有机材料聚光器的最大可用面积限制在了 10 平方厘米左右。第二个问题是，不管是性质多么稳定的有机材料，都不能无限期地暴露在阳光下。在这方面，胶体量子点恰恰具有非常高的内在稳定性，再加上基于尺寸控制确定与光（颜色）的相互作用的可能性，我们能够显著改善性能类似有机物的纳米材料的稳定性和功能性，从而使我们得以重新启动太阳能聚光器技术，迎接"光明"的未来。

能源的高效存储和能源生产同样重要

纳米材料的发展不仅促进了光伏发电技术的进步，利用纳米结构界面，各种新设备（无机材料、有机材料或混合材料）还实现了效率的提升和原材料消耗的减少。这些新技术发展的目的不在于取代硅电池板，因为硅板实用性也非常高，而在于拓展光伏技术的实用场景和领域。随着薄膜光伏电池的发明和应用，所谓的分布式微型发电设备逐渐普及，虽然现在还有很多场景无法兼容，但随着技术的发展，我们将会见到光伏布料、光伏印刷标签、可以给手机充电的便携式可伸缩光伏板、可装配在无线电子设备上的微型光伏模块等。在自动化日益进步的今天，这些光伏装备将非常实用，也很适合家居使用。

发电技术的进步和发电装置的普及固然是好事，但可惜的是，仅仅提升发电量并不能解决我们社会面临的问题。电力的存储和发电一样重要，但人们对于这一点的认识还不够深刻。我们都知道，一个地区的电力消耗不是固定不变的，一天中时段的变化、季节交替、经济发展或衰退都会影响电力需求。几乎所有电力公司都会鼓励居民在夜间用电，因为这个时间段中工业生产用电需求最低。正是因为用电需求的波动，几乎所有发达经济体的电力网络都有用电需求管理系统（即智能电网），从而尽可能有效地管理电力供应和需求之间的关系。但并非所有我们需要的能源的供需关系都能通过这种方式进行协调。尽管可以通过类似控制汽车发动机电源的方式来协调火力发电厂的发电量和电力需求，但要协调化石燃料的替代能源（无论是否可再生）的供需关系几乎是不可能的。

光伏和风力发电就是很好的例子。由于完全依赖自然环境条件发电，运营方无法准确控制发电量。水力发电的情况稍微好一些，通常可以通过控制水闸调节发电量，在电力需求高时打开水闸，在需求下降时关闭水闸。但是，在水位低时，发电厂就无法运行了，这也是其缺点。

总之，电网供电经常发生的情况是，有时电网电能超出用电需求，有时需求过高而导致电力中断（比如在盛夏高温天气，生产活动和空调的高峰用电量会增加）。为了应对这些问题，现代能源网络需要安装能够缓冲能源供需之间不平衡的存储设备，便于将损失降到最低。在第一章中我们已经提到了一种储能装置，即电容器，还有一类则是电池。

锂电池

过去 20 年中，电池的制造技术飞速发展，这主要归功于可充电锂电池的发明，这项技术可以被称为是革命性的突破，现在其应用已经非常成熟和普及了。2017 年，锂电池全球市场规模达到了 300 亿美元，预计到 2025 年，这一数值将超过

1000 亿美元，其重要性可见一斑。2019 年，诺贝尔化学奖授予了约翰·古迪纳夫、斯坦利·惠廷厄姆和吉野彰，正是为了表彰他们在锂电池的发展方面作出的贡献。

现代电池不仅储电量高且体积小（具有高比容量或者说高能量密度），价格也不断降低。近些年，便携式电子产品市场的爆炸性增长离不开锂电池技术的发展。不过，电动汽车目前所用的锂电池仍然成本较高，续航里程也不够理想，如果这一问题能够解决，我们的城市交通将会被彻底改变。锂电池不是解决电能储存问题的理想方案，但无疑是目前可用的最佳方案。目前锂电池技术发展面临的最急迫的问题有两个：一是存储功能离开不开锂元素的使用，二是在高能量密度的设备中必须使用易燃溶剂。

从图 7（第 38 页）中可以看出，锂元素在地壳中的储量是相对丰富的，但由于消耗量过大，从长期来看，人们不得不考虑开发丰度更高的金属，比如金属钠，来替代锂。此外，锂元素的回收和再利用也同样重要。电池是最早被列为特殊垃圾的物品之一，30 年前欧洲就规定电池需要单独回收。不过，先不考虑这些因素，目前的电池还是过于笨重，而且难以用在我们提到过的柔性（光）电设备上。

不过，这种情况有可能很快被改变。近几年中，锂电池领域最新研究成果表明，几乎任何平面或曲面都可以用于打印锂电池。

此外，使用类似我们在第一章提到的 PEDOT: PSS 的材料，可以制作结构更简单的电池，而且这类电池除了具有基本的储存电荷的功能，还可以在充电过程中改变外表颜色。这类电致变色的新型电池不仅仅能够储电，还是一种实用的节能工具，用途广泛。如果未来服装设计师和造型师能够用上这种装置制作服装，那么我们就可以在不换衣服的情况下，根据需求或心情改变衣服的颜色，简直就像使用魔法一样。

　　电致变色装置的工作原理与电池相似。我们在前文已经了解了一些有关的基本概念，在第一章和第四章中介绍了涉及电子交换的化学反应过程，也已经讨论了氧化还原反应的概念。电池是以可逆方式将电能转化为化学能的装置。每个电池都至少包含三个基本元件：发生氧化还原反应的正极（阳极）、发生互补氧化还原反应的负极（阴极），以及电解质，即某种盐的溶液。目前，锂电池的正极材料一般使用过渡性金属氧化物制成，如钴酸锂（$LiCoO_2$）的混合物制成，负极材料则是石墨，电解质则由锂盐溶解在有机溶剂中制成，遗憾的是，这种电解质易燃易爆，存在极大安全风险。我们购买的锂电池一般处于充满电的状态。充满电的锂电池就像山顶的巨石或高水位的大坝，积累了大量的势能，需要通过适当的干预释放。对电池来说，充电时，正极上释放的锂离子运动到负极，使正极的氧化物半锂化，形成脱锂态的钴酸锂（$Li_{0.5}CoO_2$）。也可以使用纯金属锂作为正极材料，但这会导致电池的安全性和使用寿命大幅下降，因为纯金属锂在湿度高的环境中性质不稳定，并有可能在多次充电／放电的循环后导致电池短路（图 14）。

由于锂原子在钴酸锂的晶格中具有的能量比在石墨中时更低（因而更稳定），钴酸锂形成会释放的化学能，这就是储存在电池中的能量，可转化为电能为电器供能。电池只有在其两极相互接触或与电气设备（负载）接触时才会放电。放电时，负极上嵌入石墨中的锂失去电子（被氧化）并以锂离子（Li⁺）的形式在电解液中移动；锂原子失去的电子通过触点迁移到电池的正极，并还原正极的电解液中的锂离子，形成钴酸锂。由于电解液是一种电绝缘体，如果电池的两端不相互接触，则没有电子可以在电池的正、负极之间迁移，因此不会发生放电反应。

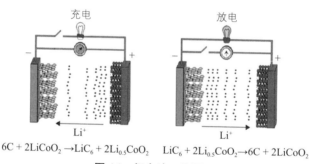

$$6C + 2LiCoO_2 \rightarrow LiC_6 + 2Li_{0.5}CoO_2 \qquad LiC_6 + 2Li_{0.5}CoO_2 \rightarrow 6C + 2LiCoO_2$$

图 14　锂电池工作原理

电池放电时，可以在两端施加相反电位差（即"电压"）以使锂离子回到石墨中。根据电池的质量和使用寿命不同，这一循环可以重复数百次至数千次。目前，限制电池容量的主要是所用材料（尤其是石墨）可存储的每单位质量最大能量。很多人总是抱怨现在锂电池容量太小、不耐用，但实际上，我们目前使用的锂电池已经具有较高能量密度，且还含有易燃溶剂。尽管大家越来越重视提高电池安全性，但时不时仍有锂电池起火或爆炸的案例发生。

锂电池是目前最热门的研究领域之一，一方面是因为我们离不开便携式电子设备，另一方面，大多数汽车制造商均预期在不久的将来，电动汽车将快速发展并取代燃油汽车。而电力的可持续生产和高效存储是我们用电的基础和前提。

电致变色智能窗

现在让我们回到电致变色材料。前文已经提到，电致变色材料可以看作充电、放电过程中会发生颜色变化的薄膜电池。其主要功能与储存电能的传统电池不同，电致变色材料的发展方向不是提升比容量（即每单位质量可存储的能量），而是优化颜色变化过程（或称为"电致变色的光学对比度"）。

图 15 展示了德国 E-Control 公司制造的电致变色窗。可以看出，左侧的窗户透入的光线比右侧的窗户少得多，因此，在光照强烈时，房间的左侧将比右侧吸热更少而亮度更低。高性能的电致变色材料的光学对比度非常高，因此实现窗户从有色变为无色，或从无色变为有色所消耗的能量极少。

显而易见，电致变色窗的功能是根据需求来调节窗户的透光率，这一过程不需要移动任何部件，并且可以在短短十分钟内完成。对于中小型规模建筑物来说，也许透过光线的多少造成的影响区别不大，但对于窗户面积甚至可以占到建筑表面积 90% ~ 95% 的大型建筑（所谓的玻璃摩天大楼）来说，通过调节光线节省的取暖和制冷费用是不小的数目。此外，随着大型建筑物环境中的现代室内环境管理系统向自动化发展，人们将不需要手动调控局部环境条件，系统将自动调节制冷、供暖、空气循环和室内照明强度，便于优化建筑物的整体能耗。想象一下，假如之前提到的发光太阳能聚光器技术能与现代建筑管理系统相结合，从能源的角度来看，建筑物能源消耗就可以实现自给自足了。

图 15　电致变色窗示例

不过，即使不关注光电材料的读者现在应该也意识到了，如果用电致变色电池做整面窗户，其表面就需要充当电池电极，因此材料必须具有导电性。提到透明的导电材料，我们马上可以想到氧化铟锡，因此问题又回到了铟资源的短缺上。我们会发现，当下社会面临的任何复杂问题都没有完美的解决方案。电致变色窗户如果能够普及，毫无疑问将在降低建筑物的能源消耗方面发挥重要作用，但这种窗户的制造要求铟必须可以被循环使用。

除了智能窗，电致变色技术还可用于多种场景。最常见的用途之一是用于高端汽车的后视镜。此外，假如你乘坐过波音"梦想客机"的话，你会发现机舱中所有窗户都是电致变色材料制作的。除了可以提供奇妙的美学效果，波音采用这种材料的关键原因在于，与普通塑料窗相比，电致变色材料的重量极轻。每个窗口减轻的重量累积到一起，对于整架飞机来说就是不可忽视的数字，可以减轻燃料的消耗。此外，电致变色材料也可用于制造高端运动产品的显示器。

不换衣服即可换装的可穿戴电子产品

我们已经知道，电致变色设备在受到外部刺激时可以改变颜色，那么假如我们能将这种材料织成布料，就能拥有可以在蓝色、红色、紫色或绿色之间改变颜色的衣服了！

为了能织出布料，选用的电致变色装置必须是可印刷、柔软而有弹性的，当然，也必须可以清洗！这里我们要用到的并不是图 15 中智能窗采用的材料氧化钨，而是一种可用作水性油墨的导体。这种电致变色材料具有与氧化钨相似的色彩特性，可印刷，并且可以使用类似第一章和第五章中提到的材料和溶液制备，其制造过程与 PEDOT：PSS 尤其相似。近十年来，可印刷柔性有机电致变色设备的研发取得了显著进展，不过，这一技术升级还未能实现从平面设备（如窗户）到织物的转变。目前，科学家还没有研制出能够制成衣物并可以承受洗涤、烘干和熨烫等操作的电致变色设备，但在这方面已经有了一些进展。

　　这一应用方向的研究项目很多，不仅是因为这种服装一旦研发成功，极有可能将引领时尚潮流，更因为这种织物在军事等领域也将有广泛的应用，它可以制作完美的迷彩服，完全模拟周围环境的颜色。

　　以上这些仅仅是目前正在开发的可穿戴电子产品的众多方向之一。目前，可用于监测人体日常活动和训练时的基本生物数据的智能手表越来越普及，已经从体育领域走向大众。举例来说，很多智能手表可以通过手腕处的传感器监测心率。但这种方法具有一定的局限性，通常医生在需要精确测量患者心率时，会将传感器长时间贴在身体的其他部位。从这个角度来看，对于需要记录身体数据以便知晓运动水平的运动员，以及需要长期监测心率以防发生意外的慢性心脏病患者来说，对心率监测工具的需求是不同的，因此集成了传感器的便携电子设备对他们来说的价值也不同。这一点非常重要。展望这些技术未来的发展，我们每天穿着的服装也有可能接入物联网，我们周围的各种物品将越来越多地配备能与场景环境互动、处理和交换信息的工设备。今天，我们习惯了与生活中的很多物体进行互动：回到家中，我们可以让多媒体娱乐系统为我们播放音乐；可以为房间安装智能供暖和照明系统，这些系统能够识别房间中是否有人并自动作出调整；我们驾驶的汽车可以自动停驶；我们可以使用无数其他设备联网的便携电子设备，如手机、平板电脑等查询路线，从而尽量避免交通拥堵。在不久的将来，我们的衣服也将成为这个网络的一部分，例如，集成在其中的电子设备将能够告诉我们的食物三维打印机（见第六章）我们吃的饼干所需纤维、碳水化合物或脂肪含量，并建议我们是否应该服用维生素。这种场景也许令人感到恐惧，但物联网的基本功能之一正是优化时间和资源，这对于促进人类生产活动的可持续性发展至关重要。

石墨烯：性能卓越的新材料

有一种备受关注的材料在过去十年中数次登上《科学》（Science）和其他出版物的头版头条，在本章的结尾，让我们简单地介绍一下这种新材料——石墨烯。这种材料实际上是石墨的衍生物。我们都知道，石墨是非常常见的碳质材料，可以用于制作铅笔芯。石墨的晶体结构由二维碳原子片堆叠而成，这些碳原子片呈蜂窝状排列，相互叠加，形成三维晶格。二维碳原子片中将碳原子连接在一起的力是自然界中存在的最强化学键之一，然而，相邻薄片之间的连接却很弱，因此相邻碳原子片之间很容易发生相对滑动，甚至相互剥离。如果打个比方，石墨可以看作是碳平面的千层酥，其中每一层的薄片就是石墨烯。

说来好笑，这种革命性的新材料是在机械剥离石墨的过程中被发现的，而这种似乎有些原始的方式目前仍然是实验室规模上制备石墨烯的主要方法。该过程需要用到一种结构非常规则的特殊石墨——高定向热解石墨（Highly oriented pyrolytic graphite，HOPG）。使用时，这种材料呈粉末状沉积在一块胶布上。取另一块胶布粘在第一块胶布上，然后用力将两块胶布撕开，之后，重复进行这一操作，直到去除大部分原始黑色粉末。这时，使用先进的光谱技术，就可以分析原始胶带的表面以寻找这些难以察觉的碳片。目前，人们已研发出了更精细的工业技术用于直接在铜等金属表面大规模地生产石墨烯，但在实验室层面上，机械剥离法仍然占主导地位。

现在，让我们尝试了解石墨烯为什么如此特别和重要，以至于安德烈·海姆[1]和康斯坦丁·诺沃肖洛夫[2]因他们在石墨烯研究中的重大发现而荣获 2010 年度诺贝尔物理学奖。首先，石墨烯的表面积巨大，可达到 2630 平方米 / 克。这并不奇怪，因为石墨烯中所有原子都是表面原子。其次，从物理特性来看，这种材料非常坚固，甚至超过碳纤维。不过，真正使石墨烯备受关注的不是其机械强度，而是其良好的导电、导热

---

[1] 安德烈·海姆（Andre Geim，1958— ），物理学家。

[2] 康斯坦丁·诺沃肖洛夫（Konstantin Novoselov，1974— ），物理学家。

能力。石墨烯的电子结构非常奇特，因为它结合了半导体和金属的典型特征。在第一章中，我们介绍了半导体的电子结构中存在不同的能带，一个是满的，另一个是空的。半导体要传导电荷，则它的一个或多个电子需要从满带迁跃到空带，前提是单个电子获得的能量应等于或大于从满带迁跃到空带所需的能量。石墨烯也有两个能带，一满一空，这意味着它是半导体，然而奇特的是，石墨烯的电子迁跃到空带所需的能量为零。这意味着即使热激发十分微弱，电子也可以自由进入空能级，从而传导电荷。实际上，与在金属中一样，电子自由运动的唯一障碍是电子之间的碰撞以及电子与晶体中的杂质（虽然稀疏但仍存在）的碰撞。据估算，纯石墨烯样品在室温下的电阻率（即材料对电子通过的阻抗的定量测量值）低于银，要知道，银是电阻率最低的金属！此外，石墨烯还是一种出色的热导体（这是它与金属的另一个共性），这更加拓展了石墨烯的应用范围，尤其是用于制作散热元件。石墨烯的另一个特点是，由于厚度太薄，其本质上是透明的。同时具备出色导电性和高透明度的石墨烯，应该会让读者联想到前文提到的特殊材料——氧化铟锡。事实上，石墨烯是最有希望替代透明导电氧化物的候选材料之一，其明显的优势是完全由碳组成，因此，从原材料来看不存在任何资源短缺问题！不仅如此，石墨烯本身不溶于水，但它的前体材料之一，氧化石墨烯，反而可以溶于水制成水性油墨。而氧化石墨烯可以在印刷过程后，通过直接热处理转化为石墨烯。因此，石墨烯是一种出色的导体，可以使用我们在前几章中介绍的有机半导体的典型技术进行操作。

这种材料的广泛应用和发展似乎无法阻挡，但我们还是要谨慎一些。首先，由于石墨烯的原子均为表面原子，直接与外界接触，因而石墨烯必然非常容易受环境因素影响。实际操作中，沉积在石墨烯片上的微粒，以及承托石墨烯片的材料，都会明显影响石墨烯的特性，导致其性能下降。其次，石墨明显比石墨烯更稳定，这意味着只要复合材料中含有石墨烯并且具有一定的流动性时，随着时间的推移，石墨烯将不可避免地重新组成石墨，这显然会对材料整体性能产生重大影响。与所有相对较新发现的材料一样，石墨烯的全部潜力还没有被完全挖掘。最近，英国《金融时报》的一篇文章警告潜在投资者，这种材料的研发产生盈利的时间比预期的要长。考虑到我们刚刚讨论的石墨烯的局限性，这一判断显然是有依据的。然而，石墨烯确实代表了创新材料行业的范式转变，因此其应用具有巨大的利益前景，但确实也存在相当大的风险。

创新必然伴随风险，历史上，只有不到十分之一的新发现能够真正引起社会技术发展的重大飞跃。就石墨烯而言，无论如何，这是基于地壳中最丰富的元素之一的新材料。因此，为了发展可持续材料，我们将不懈努力解决所有问题和困难，对于我们而言，这是一个值得付出一定代价去探索的方向。

延伸阅读

在本书的写作中，马克·米奥多尼克（Mark Miodownik）的著作《事物的实质》[1]在写作方法和内容上对我有很多帮助。这是一本关于材料工程的畅销书，受众广泛，作者米奥多尼克是伦敦大学学院材料学教授、工程师，书中介绍了他亲身经历的很多趣事。我受启发以人们的五感为线索，以功能性而非结构对各种材料进行了综述。此外，米奥多尼克在书中引用了一张他站在伦敦公寓阳台上的照片，并以此为出发点，主要按照结构分类，介绍了他身边出现的各种材料。此外，我还推荐大家阅读我的老师和同事詹弗兰科·帕基奥尼（Gianfranco Pacchioni）教授[2]的科普书籍，我最喜欢的一本是《最后的智人》[3]，非常值得一读。此外，对于本书的诞生，我也要向帕基奥尼教授对我的教诲表示感谢。

本书中关于生物降解、生物堆肥和生物材料有关的内容，我参考了比可卡大学校友斯特凡诺·贝尔塔基（Stefano Bertacchi）的著作《转基因：走进生物技术世界》[4]，这本书的

---

[1] 原书名为 *La sostanza delle cose：storie incredibili dei materiali meravigliosi di cui è fatto il mondo*，2019 年 Bollati Boringhieri 出版社出版。

[2] 作者和这位教授都在米兰比可卡大学任教。

[3] 原书名为 *L'ultimo Sapiens*，2019 年 Il Mulino 出版社出版。

[4] 原书名为 *Geneticamente modificati. Viaggio nel mondo delle biotecnologie*，2017 年 Hoepli 出版社出版。

阅读体验愉快且有益。我对可打印、可穿戴和可使用电子产品的了解来自与意大利技术研究院的马里奥·凯罗尼（Mario Caironi）的合作。虽然他没有出版过相关著作，但对此感兴趣的读者可以从他的科研论文中了解相关知识。假如有读者想要深入了解即时医疗，我推荐您观看亚历克斯·吉布尼（Alex Gibney）执导的电影《发明家：硅谷大出血》（2019），从中您会看到即时诊断技术的潜力和局限性。电影讲述的正是我们在第五章中提到的 Theranos 公司创立、迅速膨胀和破产落幕的故事。在当下这个人们似乎不再相信权威的时代，任何人都认为他们只要上网就能得到所有信息，甚至是专业技术知识。在这一点上我个人认为人们需要反思，一味贬低和忽视专家，可能会造成数亿美元的损失。

本书中关于冶金学的知识来自吉原义人（Yoshindo Yoshihara）、里昂·卡普（Leon Kappe）和博子·卡普（Hiroko Kapp）合著的《日本刀：全面剖析日本刀的锻造与鉴赏艺术》[①]，可惜的是这本书没有意大利译本。此外，我也推荐大家阅读知名科普作家达里奥·布雷萨尼尼（Dario Bressanini）关于烹饪和化学的系列著作，每一本都非常值得阅读。

能源的可持续性是当下的热门话题之一，因为人们越来越多地注意到温室气体积累和日益严重的大气污染给我们的生活造成的影响。这些问题并不是近些年才出现的，其根源实际

---

① 原书名为 *The Art of the Japanese Sword*：*The Craft of Swordmaking and its Appreciation*，2012 年 Tuttle 出版社出版。

上是社会发展中不负责任的态度的后果。这方面，我推荐读者
们阅读贾科莫·恰米奇安教授的文章《光化学的未来》[1]，我在
第七章中引用了这篇文章。恰米奇安教授是世界级化学巨匠，
2008 年我曾荣获意大利学学会以他的名字命名的奖章，这对我
来说是巨大的激励。

　　最后，我还想推荐两本科学作品，贾里德·戴蒙德（Jared
Diamond）的《枪炮、病菌与钢铁：人类社会的命运》[2]和潘
妮·拉古德（Penny Le Couteur）的《拿破仑的纽扣：改变历史
的 17 个化学故事》[3]，在本书中虽然没有引用，但对关注科学
对现代社会的影响感兴趣的人来说，一定是非常有趣的书籍。

---

[1]　原名为 *La fotochimica dell' Avvenire*。

[2]　原书名为 *Armi, acciaioe malattie. Breve storia degli ultimi tredicimila anni*, 2014 年 Einaudi
　　出版社出版。

[3]　原书名为 *I bottoni di Napoleone. Come 17 molecole banno cambiato la storia*, 2018 年
　　TEA 出版社出版。

致　谢

在本书完成之际，我想感谢萨拉·马蒂耶罗，我们关于这本书的主题、论述方式和结构进行了多次富有成效的讨论，没有她的帮助就没有这本书的诞生。祝愿她的著作早日出版。我还要感谢我的妻子亚历山德拉和我的父亲卡洛，虽然他们不能作为物理学家提出建议，但他们能成为的我的第一本著作最初的读者，这让我感到很美好。

我还想感谢自 1994 年以来引导我走上科研之路的各位老师，我有幸和其中几位成为同事。我仍然记得当年和同学们共同学习的美好时光和各位老师的教导。在此，我想特别对詹弗兰科·帕基奥尼教授和乔治·帕加尼教授致以诚挚感谢，帕基奥尼教授是世界顶尖化学家也是最好的老师，帕加尼教授是我的科研生涯和人生路的导师。

最后，我还要感谢风车出版社的阿莱西娅·格拉齐亚诺女士和弗朗切斯卡·贝尔图齐女士在本书出版过程中给予的帮助。我为本书能与读者见面感到非常高兴。